绍兴文理学院元培学院出版基金资助

数字电路仿真与 EDA 设计研究

吕庆梅◎著

中国原子能出版社

图书在版编目（CIP）数据

数字电路仿真与 EDA 设计研究 / 吕庆梅著. -- 北京 ：
中国原子能出版社，2024. 8. -- ISBN 978-7-5221-3573-
1

Ⅰ. TN79

中国国家版本馆 CIP 数据核字第 20246Q6S49 号

数字电路仿真与 EDA 设计研究

出版发行	中国原子能出版社（北京市海淀区阜成路 43 号　100048）
责任编辑	白皎玮　陈佳艺
责任校对	刘　铭
责任印制	赵　明
印　　刷	河北宝昌佳彩印刷有限公司
经　　销	全国新华书店
开　　本	787 mm×1092 mm　1/16
印　　张	16.25
字　　数	240 千字
版　　次	2024 年 8 月第 1 版　2024 年 8 月第 1 次印刷
书　　号	ISBN 978-7-5221-3573-1　　　　定　价　**88.00** 元

前　言

在当今数字化飞速发展的时代，数字电路与电子设计自动化（EDA）技术在电子工程领域扮演着越来越重要的角色。随着技术的进步，对高效、高可靠性的电子设计的需求不断增长，这不仅推动了数字电路设计领域的创新，也促进了 EDA 工具的发展和完善。数字电路仿真与 EDA 设计不仅关系到产品开发的效率和成本，还直接影响最终产品的性能和市场竞争力。因此，深入理解数字电路的设计原理、仿真技术，掌握电子设计自动化工具的使用，对于电子工程师来说至关重要。

本书旨在为读者提供一个全面的指导和参考，帮助他们深入了解和掌握数字电路设计和仿真技术的最新进展。

第 1 章介绍了模拟信号与数字信号的基本概念，数制与码制的基础知识，以及仿真与 EDA 设计的重要性，为读者提供了一个坚实的理论基础和入门指南。

第 2 章探讨了 PLD 器件的分类及特点，电路模型的相关概念，以及在逻辑级和寄存级的功能模型，进一步深入到结构模型的设计，为读者呈现了电路设计的多维度视角。

第 3 章详细讲解了仿真的原理，编译仿真与事件驱动仿真的技术，元件延迟与冒险检测，以及门级事件驱动仿真的实现，指导读者如何有效进行逻辑仿真。

第 4 章介绍了功能仿真和高层次仿真的概念，以及仿真工具软件 ModelSim 和 Qualtues 的使用，提供了具体的工具应用指南。

1

　　第 5 章详述了基本门电路、触发器、编码器、译码器、计数器、移位寄存器、有限状态机和振荡器的设计，展示了 EDA 工具在基础电路设计中的实际应用。

　　第 6 章通过分频电路、交通灯控制器、数字频率计等典型系统设计案例，展示了数字电路设计的综合应用和实践经验。

　　第 7 章深入探讨了参数化建模、混合信号仿真技术、EDA 工具在集成电路设计中的应用，以及高级优化算法和错误检测与修正技术的最新发展。

　　第 8 章展望了新兴技术的影响、EDA 软件的发展趋势、人工智能在数字电路设计中的应用前景，以及未来的挑战与机遇。

　　本书全面覆盖数字电路设计与仿真的各个方面，旨在为从业工程师、研究人员和学生提供一个系统、深入的学习和参考资源。由于时间仓促及作者水平所限，书中难免存在不足之处，敬请读者批评指正。

目　录

第 1 章　数字电路概述 ……………………………………………………… 1

　　1.1　模拟信号与数字信号 …………………………………………… 1

　　1.2　数制与码制 ……………………………………………………… 6

　　1.3　仿真与 EDA 设计的重要性 …………………………………… 19

第 2 章　数字电路模型 …………………………………………………… 21

　　2.1　电路模型的相关概念 …………………………………………… 21

　　2.2　PLD 器件的分类及特点 ……………………………………… 26

　　2.3　逻辑级的功能模型 ……………………………………………… 31

　　2.4　寄存级的功能模型 ……………………………………………… 37

　　2.5　结构模型 ………………………………………………………… 42

第 3 章　数字电路的逻辑仿真 …………………………………………… 49

　　3.1　仿真的原理 ……………………………………………………… 51

　　3.2　编译仿真与事件驱动仿真 ……………………………………… 55

　　3.3　元件延迟与冒险检测 …………………………………………… 62

　　3.4　门级事件驱动仿真 ……………………………………………… 75

第 4 章　数字电路高层次仿真及工具软件 ……………………………… 78

　　4.1　功能仿真 ………………………………………………………… 78

　　4.2　高层次仿真 ……………………………………………………… 83

4.3　仿真工具软件 ModelSim ……………………………… 112

4.4　仿真工具软件 Quartus ………………………………… 116

第 5 章　基本数字电路的 EDA 实现 ……………………… 123

5.1　基本门电路的设计 ……………………………………… 124

5.2　触发器的设计 …………………………………………… 126

5.3　编码器的设计 …………………………………………… 129

5.4　译码器的设计 …………………………………………… 135

5.5　计数器的设计 …………………………………………… 141

5.6　移位寄存器的设计 ……………………………………… 152

5.7　有限状态机的设计 ……………………………………… 163

5.8　振荡器的设计 …………………………………………… 165

第 6 章　典型数字系统设计 ………………………………… 167

6.1　分频电路 ………………………………………………… 167

6.2　交通灯控制器 …………………………………………… 173

6.3　数字频率计 ……………………………………………… 179

6.4　实用数字钟电路 ………………………………………… 184

6.5　LCD 接口控制电路 ……………………………………… 193

6.6　串口通信 ………………………………………………… 196

6.7　2FSK 信号产生器 ……………………………………… 201

6.8　AD 电路与 DA 电路 …………………………………… 206

第 7 章　高级仿真技术与设计方法 ……………………… 211

7.1　参数化建模与自动化设计流程 ………………………… 211

7.2　混合信号仿真技术 ……………………………………… 216

7.3　EDA 工具在集成电路设计中的应用 …………………… 227

7.4　高级优化算法在电路设计中的应用 …………………… 235

7.5　电路仿真中的错误检测与修正技术 ……………………………… 238

第 8 章　数字电路仿真与 EDA 未来趋势 ……………………… 241

8.1　新兴技术的影响 ……………………………………………… 241

8.2　EDA 软件的发展趋势 ………………………………………… 242

8.3　人工智能在数字电路设计中的应用 ………………………… 243

8.4　未来挑战与机遇 ……………………………………………… 245

参考文献 ………………………………………………………………… 248

第 1 章　数字电路概述

信息时代的兴起使得"数字"这一概念频繁出现在多个领域，如数字手表、数字电视、数字通信、数字控制等，标志着数字化已经成为现代电子技术发展的主流。数字电路，作为数字电子技术的核心，构成了计算机和数字通信硬件的基础。本章内容覆盖了数字电路的基本概念和在数字电路设计中常见的数制与编码方式。同时，本章还涉及数字逻辑中基本逻辑运算、逻辑函数及其表示法的讨论，为读者揭示了数字电路设计与应用的基础理论与实践方法。

1.1　模拟信号与数字信号

1.1.1　模拟信号

在电子技术领域，传送、加工和处理的信号分为两大类：模拟信号和数字信号。模拟信号特指在时间、数值上都连续变化的信号。这种信号的典型代表是模拟电路中的电压或电流信号，它们在时间和数值上都呈现出连续的变化特性。这些物理量的连续性使得模拟信号能够精确地表示复杂的波形和变化趋势。典型的模拟信号波形如图 1-1 所示。

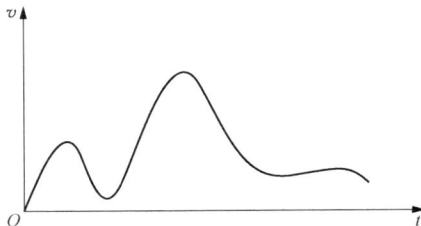

图 1-1　模拟信号

1.1.2 数字信号

数字信号是一种以数值和时间上的离散、突变特性为特征的信号。它常被描述为"离散"的信号，这意味着它在数值和时间上都以离散的方式变化，而不是连续的。数字信号（如图 1-2 所示）通常用于表示数字量，其特点是在两个稳定状态之间发生跃迁。在数字信号中，存在两种主要的表示形式：电位型和脉冲型。在电位型表示法中，数字 1 和 0 分别用不同的电位信号表示，通常是高电位和低电位，这种表示方法通过电压的不同来区分数字 1 和 0。而在脉冲型表示法中，数字 1 和 0 则通过有脉冲和无脉冲来表示，在这种情况下，脉冲的存在与否表明了信号的数值。

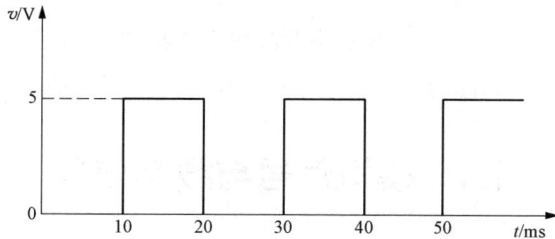

图 1-2 典型的数字信号图

1. 二值数字逻辑和逻辑电平

在客观世界中，许多事物和现象往往存在于相互对立的状态之中，如真与假、是与非、开与关、高电平与低电平等。这种对立的状态可以通过二值数字逻辑来描述，使用逻辑"1"和逻辑"0"来代表。值得注意的是，这里的 0 和 1 并非十进制数中的数字，而是表示逻辑状态的逻辑 0 和逻辑 1。这种逻辑表达方式，即二值数字逻辑，为处理复杂的逻辑关系和决策提供了简明而有效的手段。逻辑电平的概念进一步扩展了二值数字逻辑的应用，它是物理量的相对表示，而不是物理量本身的绝对值。数字信号，作为一种二值信号，使用两个不同的电平（高电平和低电平）来表示两个逻辑值：逻辑 1 和逻辑 0。这种表示方法的实际应用非常广泛，特别是在电子设备和数字通信系统中。

在实际应用中，根据不同的逻辑体系，对高、低电平所代表的逻辑值有不同的定义。具体来说，有两种基本的逻辑体制：正逻辑和负逻辑。正逻辑体制下，高电平代表逻辑 1，低电平代表逻辑 0。这种方式直观且易于理解，因而在许多电子系统中被广泛采用。相反，在负逻辑体制中，低电平被定义为逻辑 1，高电平则表示逻辑 0。这种定义虽然在直觉上可能不如正逻辑直接，但在某些特定的设计和应用场合中，负逻辑提供了更为合适的解决方案。

2. 数字波形

数字波形通常用逻辑电平随时间变化的图形表示，它在电子技术中用于描述数字信号的特性。当这种波形仅呈现两个离散值时，通常被称为脉冲波形。脉冲波形的种类繁多，包括矩形脉冲、锯齿脉冲、尖脉冲、阶梯波、梯形波、方波、断续正弦波、钟形脉冲等，每种波形都有其特定的形状和用途。与典型模拟信号相比，数字波形展现出显著的差异。它们的特点在于不连续、离散且伴随着突然的变化，这种特性使得数字波形在表示和处理信息时非常有效。数字信号的这些突变，反映了其携带的信息或状态的改变，是数字电子系统中数据传输和处理的基础。正如模拟波形一样，数字波形也可以是周期性的或非周期性的。周期性数字波形有相同的重复模式和固定的周期；而非周期性波形则没有明显的重复模式，其变化更为随机或由特定的条件触发。这种区分有助于在设计和分析电子系统时，更好地理解和预测信号的行为。周期性数字波形也用周期 T 或频率 f 来描述。脉冲波形的频率也常称为脉冲重复频率 PRR。

3. 数字电路

（1）数字电路的分类

数字电路主要分为两类：组合逻辑电路和时序逻辑电路。这两种电路的核心功能是控制、操作和运算数字系统中的信息。组合逻辑电路的输出仅依赖于当前输入状态，而不涉及历史输入；相反，时序逻辑电路的输出不仅取决于当前的输入，还受到先前状态的影响，使其能够存储信息。

常将数字集成电路按集成度分为小规模、中规模、大规模、超大规模和甚大规模，其中部分数字集成电路分类情况见表 1-1。

表 1-1　数字集成电路分类表

分类	三极管个数/个	典型集成电路	分类	三极管个数/个	典型集成电路
小规模	<10	逻辑门电路	超大规模	1 000～10^5	大型存储器、微处理器
中规模	10～100	计算器、加法器	甚大规模	>10^5	可编辑逻辑器件、多功能集成电路
大规模	100～1 000	小型存储器、门阵列	—	—	

（2）数字电路的分析与测试方法

在数字电路中，输入信号作为"条件"，而输出信号则是这些条件的"结果"，需要建立起输入与输出之间的因果逻辑关系。这种逻辑关系是数字电路研究的核心，它定义了电路如何根据给定的输入信号产生相应的输出信号。描述这种逻辑关系的方法多样，包括逻辑表达式、图形表示和真值表，每种方法都有其独特的优势和应用场景。逻辑表达式通过数学符号精确描述了输入与输出之间的关系，提供了一种直观且易于理解的方式来表达复杂的逻辑运算。图形表示，如逻辑门图和电路图，使得电路设计和逻辑结构一目了然，便于设计者理解和沟通。真值表则通过列出所有可能的输入组合及其对应的输出结果，直接展示了电路的逻辑行为，是分析和设计数字电路时不可或缺的工具。

随着数字电路设计复杂性的增加，传统的设计方法已经无法满足高效率和高准确性的要求。硬件描述语言（HDL），如 VHDL 语言，因此成为现代数字电路设计的重要工具。通过使用 HDL，设计师可以在更高的抽象层次上描述电路，从而实现对电路的分析、仿真和设计。这不仅大大提高了设计的效率，也提升了设计的准确性和可验证性。数字电压表和电子示波器是常用的测试工具，它们可以精确测量和观察电路的电压变化及信号波形，确保电路设计满足预想的功能和性能要求。通过综合运用逻辑表达式、图形表示、真值表，以及硬件描述语言和测试仪器，可以有效地分析、设计、验证复杂的数字电路和系统，确保其可靠高效地运作。

4. 模拟信号与数字信号转换（A/D 转换和 D/A 转换）

人们接收到的信号，无论是通过视觉、听觉、触觉还是其他感官接收的，通常都是模拟信号。这意味着这些信号是连续的，并且能够在连续的范围内取得任意值。模拟信号在处理和传送过程中容易受到外部干扰的影响，因此其保密性较差，同时处理和计算模拟信号所需的方法相对复杂。数字信号的处理更为简单，具有较强的保密性和抗干扰能力。数字信号是离散的，在时间和数值上都是以离散的方式表示的。这使得数字信号能够更有效地进行处理和传送，同时具有更高的保密性，因为数字信号可以经过加密处理。此外，数字信号的处理方式更加标准化，可以采用各种算法和技术进行处理，而模拟信号的处理通常需要更多的专业知识和技术。现代电子信息处理和传送的基本方式是将模拟信号转换为数字信号，然后通过数字系统进行处理，最后再将处理后的数字信号转换回模拟信号，以便人们或执行机构进行接收和理解。这个过程中涉及模拟信号到数字信号的转换（A/D 转换），以及数字信号到模拟信号的转换（D/A 转换）。

信号的数字化是一种重要的处理过程，它将模拟信号转换为数字信号，使得信号能够在数字系统中进行处理、传输和存储。这个过程通常包括三个关键步骤：抽样、量化和编码。抽样是将连续的模拟信号在时间上进行离散化。通过在一定时间间隔内采集信号的样值，即以一系列时间间隔取样点来近似代替原始连续信号，实现了信号在时间上的离散化。量化是将连续的幅度变化转换为有限数量的离散值。这个过程通过将信号的连续幅度值近似为一组有限的离散值，来实现信号在幅度上的离散化。量化过程决定了数字信号的精度和动态范围。编码是将量化后的数值用二进制数字表示，并转换为二值或多值的数字信号流。编码过程根据一定的规则将量化后的数值映射为相应的二进制码字，然后将这些码字按照一定的顺序组成数字信号流。经过这三个步骤得到数字化信号，它可以通过数字线路进行传输。数字信号的传输具有较高的抗干扰能力和保密性，因此在现代通信系统中得到广泛应用。在接收端，需要将接收到的数字信号恢复成原始的模拟信号以驱动执行机构。这个过程通常包括解码、数字信号到模拟信号转换、后置滤波等步骤。解码将数字信号流转换回量化的数值，然后通过数字信号到模拟信号转换器（D/A 转换器）将这些数值转换为模拟信号，最后经过后置滤波器对信号进行滤波和调整，以恢复信号的原始特性。

在数字电路设计与应用中，经常会遇到需要进行计数和编码的场景。这些任务直接关系到数字系统中数制和码制的选择与应用，因为不同的数制和码制会直接影响电路的设计复杂度、效率和可靠性。

1.2　数制与码制

1.2.1　十进制

数制又称进位计数制，是用来计数的一种统计规律，按照进位的方法对数量进行表示。在日常生活中，常用的是十进制，也就是逢十进一的进位计数制。这意味着当数位达到十时，就向左进一位，开始计数下一个单位。在数字系统中，除了十进制外，还常用到二进制、八进制和十六进制。二进制是计算机中最基本的进制，只包含 0 和 1 两个数字，用于表示逻辑电平的高低或存储数据的状态。八进制和十六进制则是二进制的扩展，分别以 8 和 16 为基数，用更少的符号表示更大的数值范围，同时在计算和编程中更加方便和简洁。

1. 基数和位权

基数是指一种数制中所用到的数码个数。一般称基数为 R 的数制为 R 进制，即逢 R 进一，它包括 0，1，…，R 等 R 个数码。

位权是指在 R 进位制所表示的数中，处于某个固定数位上的计数单位，简称权。在数字表示中，每个数位的数值由该位上的数字乘以相应的位权值所得。位权值是数位的重要属性，它决定了数位在整数中的相对位置和大小。不同数位具有不同的位权值。例如，十进制百位的位权值是 10^2，千位的位权值是 10^3，百分位的位权值是 10^{-2} 等。以十进制数 987.65 为例，有：

$$(987.65)_{10} = 9 \times 10^2 + 8 \times 10^1 + 7 \times 10^0 + 6 \times 10^{-1} + 5 \times 10^{-2} \qquad (1\text{-}1)$$

式中，括号下方数字 $R(=10)$ 代表 $R(=10)$ 进制，以下相同。通常在数字后面紧跟一英文字母表示该数为几进制，如 D 代表十进制，B 代表二进制，H 代表十六进制，O 代表八进制。在约定的情况下，后缀可以省去。

2. 十进制的表达

十进制是一种基数为 10 的数制，其中每个数位都可以由 0～9 的十个不同数码表示。在十进制数中，数码的位置决定了其代表的数值，而进位规律是"逢十进一"。例如，数码所处的个位上代表的是个位数值，十位上代表的是十位数值，以此类推。以数字 987.65 为例，它展示了典型的十进制表达形式。在这个数字中，9 代表的是百位数值，8 代表的是十位数值，7 代表的是个位数值，而小数点后的 6 和 5 分别代表了十分位和百分位的数值。一般地，任意十进制数可表示为：

$$(N)_{10} = \sum_{i=-m}^{n-1} a_i \times 10^i \qquad (1\text{-}2)$$

式中，a_i 为系数 $(i = 0,1,2,3,4,5,6,7,8,9)$；$10^i$ 为权。

1.2.2　二进制

二进制是一种基数为 2 的数制，其中每个数位只能由 0 和 1 两个数字表示。在二进制中，进位规律是"逢二进一"，即当数位达到 2 时，向左进一位，并从 0 重新开始计数。这种简洁的进位规律使得二进制在数字系统中运算非常简单。在二进制中，加法和减法运算只需按照十进制方式进行，但只需要考虑 0 和 1 两个数码的情况。而乘法和除法运算则更为简单，因为乘法实际上是对位权值的相加，而除法则是对位权值的减法。这种运算规律使得计算机能够高效处理二进制数据，从而实现各种复杂的运算和逻辑操作。

下面给出它的运算规律。

1. 二进制的表达

数字电路中，数以电路的状态来表示。在寻找具有多种状态的电子器件方面，存在一定的困难，因为通常需要更多的状态来表示更复杂的信息。相比之下，具有两种状态的器件却很常见，如开关、触发器。因此，数字电路广泛采用二进制系统。二进制是一种数制，其中只有两个数码：0 和 1。这种简洁的数码形式使得二进制在数字电路中非常实用。

二进制数 1101.11 可以用一个多项式表示：

$$(1101.11)_2 = 1 \times 2^3 + 1 \times 2^2 + 0 \times 2^1 + 1 \times 2^0 + 1 \times 2^{-1} + 1 \times 2^{-2} \qquad (1-3)$$

对任意一个二进制数可表示为：

$$(N)_2 = \sum_{i=-m}^{n-1} a_i \times 2^i \qquad (1-4)$$

式中，a_i 为系数（0，1）；2^i 为权。

（1）二进制的加法规律

$$0 + 0 = 0; \quad 1 + 1 = 1; \quad 0 + 1 = 1 + 0 = 1 \qquad (1-5)$$

（2）二进制的乘法规律

$$0 \times 0 = 0; \quad 1 \times 1 = 1; \quad 0 \times 1 = 1 \times 0 = 0 \qquad (1-6)$$

二进制的运算规律简单明了，因为每位只有两种可能的取值，即 0 和 1。这种简洁的特性使得在数字系统中使用二进制非常方便。人们常利用 0 表示低电位或晶体管的导通状态，而用 1 表示高电位或晶体管的截止状态。

2. 二进制的波形

在数字电子技术和计算机应用中，二值数据常用数字波形来表示。使用数字波形可以比较直观地展示数据，也便于使用电子示波器进行监视。图 1-3 表示某计数器的波形。

3. 八进制、十六进制

八进制是一种基数为 8 的数制，其中每个数位的数值范围是从 0 到 7，共有八个不同的数码。在八进制中，进位规律是"逢八进一"，即当数位达到 8 时，向左进一位，并从 0 重新开始计数。

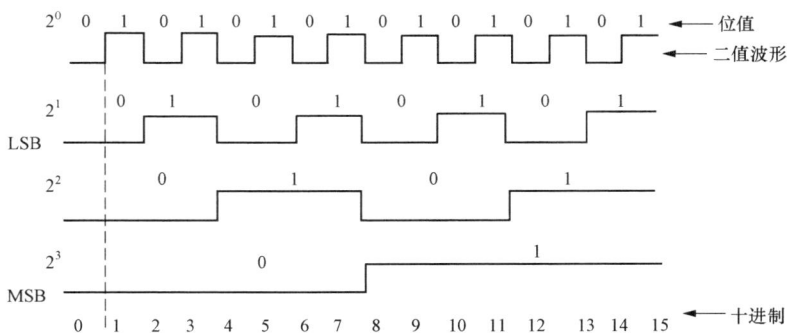

图 1-3　用二进制数表示 0～15 波形图

十六进制是一种基数为 16 的数制，在这个数制中，每个数位的数值范围是从 0 到 15，共有 16 个不同的数码。进位规律是"逢十六进一"，即当数位达到 16 时，向左进一位，并从 0 重新开始计数。在十六进制中，除了十个数字 0 到 9 外，还有六个字母符号 A、B、C、D、E、F，分别对应十进制的 10 到 15。

1.2.3　进制转换

计算机中存储数据和进行运算的基础是二进制数制，因为计算机内部的电子元件只能表示两种状态，即开或关，对应于 0 和 1。然而，在实际应用中，人们更习惯使用十进制或其他进制来表示和理解数据。当数据输入到计算机中或者从计算机中输出时，常常需要进行不同计数制之间的转换。

1. 二进制转换成十进制

【例 1-1】将二进制数 10011.101 转换成十进制数。

解：将每一位二进制数乘以位权，然后相加，可得：

$$(10011.101)_2 = 1\times2^4 + 0\times2^3 + 0\times2^2 + 1\times2^1 + 1\times2^0 + 1\times2^{-1} + 0\times2^{-2} + 1\times2^{-3}$$
$$= (19.625)_{10} \tag{1-7}$$

2. 十进制转换成二进制

① 用"除 2 取余"法将十进制的整数部分转换成二进制。

【例 1-2】 将十进制数 23 转换成二进制数。

解：根据"除 2 取余"法的原理，按以下步骤转换：

$$
\begin{array}{r l}
2\ \underline{|\ 23} & \cdots\cdots\cdots \ \text{余}1\ b_0 \\
2\ \underline{|\ 11} & \cdots\cdots\cdots \ \text{余}1\ b_1 \\
2\ \underline{|\ 5\ } & \cdots\cdots\cdots \ \text{余}1\ b_2 \\
2\ \underline{|\ 2\ } & \cdots\cdots\cdots \ \text{余}0\ b_3 \\
2\ \underline{|\ 1\ } & \cdots\cdots\cdots \ \text{余}1\ b_4 \\
0 &
\end{array}
\qquad \text{读取次序}
$$

则

$$(23)_{10} = (10111)_2 \qquad (1\text{-}8)$$

② 用"乘 2 取整"法将十进制的纯小数部分转换成二进制。设二进制小数可写成如下形式：

$$0.b_1 b_2 b_3 \cdots b_n \qquad (1\text{-}9)$$

现欲将十进制小数 0.706 转换成二进制数（要求误差 $\leqslant 2^{-10}$，即取 $n=10$ 即可），转换方法如下：

第一步对 0.706 做乘 2 运算有：

$$0.706 \times 2 = 1.412 \qquad (1\text{-}10)$$

取小数点前的整数部分 1（以下简称"取整"）为二进制小数的第一位系数 b_1，即令：

$$b_1 = 1 \qquad (1\text{-}11)$$

然后对第一步的结果做减 1 运算得：

$$1.412 - 1 = 0.412 \qquad (1\text{-}12)$$

第二步再对 0.412 做乘 2 运算又有：

$$0.412 \times 2 = 0.824 \qquad (1\text{-}13)$$

取小数点前的整数 0 为二进制小数的第二位系数 b_2，即取：

$$b_2 = 0 \qquad (1\text{-}14)$$

第三步再对 0.824 做乘 2 运算又有：

$$0.824 \times 2 = 1.648 \qquad (1-15)$$

且取整后有：

$$b_3 = 1 \qquad (1-16)$$

如此反复"乘 2 取整"如下：

$$1.648 - 1 = 0.648$$
$$0.648 \times 2 = 1.296 \cdots\cdots b_4 = 1$$
$$0.296 \times 2 = 0.592 \cdots\cdots b_5 = 0$$
$$0.592 \times 2 = 1.184 \cdots\cdots b_6 = 1$$
$$0.184 \times 2 = 0.368 \cdots\cdots b_7 = 0$$
$$0.368 \times 2 = 0.736 \cdots\cdots b_8 = 0 \qquad (1-17)$$

做到第九步时的结果为：

$$0.736 \times 2 = 1.472 \cdots\cdots b_9 = 1 \qquad (1-18)$$

做到第十步时的结果为：

$$0.472 \times 2 = 0.944 \cdots\cdots b_{10} = 0 \qquad (1-19)$$

可以不写。或者直接由第九步的结果，小数部分为 0.472＜0.5，乘 2 后，整数部分不会是 1，因此，$b_{10} = 0$，直接省去不写；反之，若小数部分≥0.5，b_{10} 一定等于 1，且不能省去，此谓"四舍五入"原则。总之，最后有：

$$(0.706)_{10} = (0.101101001)_2 \qquad (1-20)$$

且转换后的误差≤2^{-10}。

3．二进制转换成十六进制

由于十六进制基数为 16，而 $16 = 2^4$，故四位二进制数就相当于一位十六进制数。因此，可用"四位分组"法将二进制数化为十六进制数。

【例 1-3】 将二进制数 1001101.100111 转换成十六进制数。

解： $\quad (1001101.100111)_2 = (01001101.10011100)_2 = (4D.9C)_{16} \qquad (1-21)$

对于将二进制数转换为八进制数，常见的方法是将二进制数按照三位一组进行分组，然后将每组的三位二进制数转换成一位八进制数。这样的转换方法简单明了，易于理解和实现。

4. 十六进制转换成二进制

十六进制数转换成二进制数的方法十分简单，因为每位十六进制数都对应着四位二进制数。这种转换过程只需要将每一位十六进制数分别转换成对应的四位二进制数，并按位的高低依次排列即可。

【例 1-4】 将十六进制数 6E.3A5 转换成二进制数。

解： $$(6E.3A5)_{16} = (1101110.001110100101)_2 \qquad (1-22)$$

将八进制数转换为二进制数的方法同样简单明了。由于每位八进制数对应着三位二进制数，因此只需将每一位八进制数分别转换成对应的三位二进制数，然后按位的高低依次排列即可完成转换。

1.2.4 二进制编码

编码是将十进制数或其他特殊信息如字母、符号等转换为二进制数码的过程。在数字系统中，编码是一项常见且重要的操作，它为数据的传输、存储和处理提供了基础。例如，在计算机系统中，当用户通过键盘输入命令或数据时，这些信息首先需要被转换成二进制码，才能被计算机接受和处理。

1. 有符号二进制数的编码

在常规的算术运算中，用"+"表示正数，而用"−"表示负数。然而，在数字系统中，这种表示方式略有不同。在数字系统中，一个数的最高位被用来表示符号位，其中 0 表示正数，1 表示负数。这样的数被称为机器数。而将这些机器数转换成常见的十进制形式，称为机器数的真值。对于一个八位的二进制数，如果最高位是 0，则代表正数，如果最高位是 1，则代表负数。这种表示方法使得数字系统能够直接识别和处理正负数，而无需额外的符号标识。例如：

$$X_1 = +1010110, \quad X_2 = -1011100 \qquad (1-23)$$

对应的机器数为：

$$X_1 = 01010110, \quad X_2 = 11011100 \qquad (1-24)$$

在数字系统中表示机器数的方法很多，但常用的主要有原码、反码和补码。

（1）原码

原码是一种非常直观的机器码，在真值的绝对值前加符号位。

（2）反码

在计算机中，反码是一种常用的编码方式。其编码规律是：对于正数，符号位用 0 表示；而对于负数，符号位用 1 表示。而数位部分则与正数的真值相同，对于负数，则需要将真值的各位按位求反。这种编码方式在处理负数时特别重要，因为它能够使得负数的表示更为简洁和有效。

（3）补码

补码是一种特殊的二进制编码方式，主要用于简化计算机中的算术运算。在计算机科学中，对数字的表示和运算尤为关键，而补码提供了一种高效处理负数运算的方法。原码作为最直观的数字表示方法，虽然易于理解，但在进行加减运算时存在明显的不便。原码的符号位不能直接参与运算，需要在运算过程中对正负号进行特殊处理，这在加减运算中尤为复杂。例如，当两个异号数相加时，实际上需要执行的是减法运算；而两个异号数相减，则需要执行加法运算。这不仅增加了运算的复杂度，也对运算器的设计提出了更高的要求。

补码的引入正是为了解决这一问题，它通过对负数的表示进行特定的变换，实现了将减法运算转换为加法运算的目的，同时简化了运算规则。在补码系统中，负数的表示不再是简单的在正数前加负号，而是通过对负数取反加一的方式来表示。这种方法不仅使得加法和减法运算统一为加法形式，而且简化了计算过程，特别是在进行连续计算时，补码的优势更为明显。

补码的概念在日常生活中也有直观的例子。以时钟为例，时钟的进位制是 12，这意味着时钟的数值在达到 12 时会归零。对于时钟而言，减少一定的时间可以等价于增加另一段时间。将时钟从 10 点调整到 5 点，可以有两种方式：逆时针调整 5 小时，或者顺时针调整 7 小时。顺时针调整相当于在原有的基础上加上一个特定的值，这与补码的运算逻辑相似，即通过添加一个特定的数值来实现减法运算。

在计算机中，补码不仅用于简化算术运算，还有助于优化运算器的设计。使用补码，可以避免在执行加减运算时对正负号的单独处理，减少了运算过程中的条件判断，提高了运算效率。此外，补码的引入也使得数字系统能够更有效地利用存储空间，因为它允许使用相同的位数表示更大范围的数值。

在数学的同余理论中，两个整数 A 和 B，如果在除以同一个正整数 M（称为模）时余数相同，就认为 A 和 B 对 M 同余，用符号表示为 $A \equiv B \pmod M$。这种同余关系揭示了一种特殊的等价关系，即在模运算的框架下，即便两个数在数值上不相等，它们也可能因为对同一个模有相同的余数而被视为具有相似的性质。基于同余的概念，可以将两个互为补码的数定义为在某一模下互相补足到模的整数倍的两个数。具体到补码的应用，就是在进行模运算时，将减法运算转化为加法运算的一种方法。

补码编码方式在计算机中极为普遍，它为数字的存储和计算提供了高效且简便的方法。对于正数而言，其补码和原码是一致的，这保留了数值的直观性和易处理性。对于负数，补码的生成则通过取其正数部分的反码然后加一来完成。

2. 原码、补码、反码三者的比较

对原码、补码、反码三者进行比较，可以看出它们之间既有共同点，又有不同之处。为了更好地了解这三种机器码的特点，对三者进行对比。表 1-2 给出了字长 $n=4$ 时，二进制整数真值和原码、反码、补码的对应关系。

表 1-2　原码、补码、反码的比较

二进制整数	原码	反码	补码	二进制整数	原码	反码	补码
+0000	0000	0000	0000	−0001	1001	1110	1111
+0001	0001	0001	0001	−0010	1010	1101	1110
+0010	0010	0010	0010	−0011	1011	1100	1101
+0011	0011	0011	0011	−0100	1100	1011	1100
+0100	0100	0100	0100	−0101	1101	1010	1011
+0101	0101	0101	0101	−0110	1110	1001	1010
+0110	0110	0110	0110	−0111	1111	1000	1001
+0111	0111	0111	0111	−1000	—	—	1000
−0000	1000	1111	0000				

由表 1-2 可得出如下结论。

① 对于正数，三种码的表示形式一样；对于负数，三种码的表示形式不一样。

② 三种码最高位都是符号位，0 表示正数，1 表示负数。

③ 根据定义，原码和反码各有两种 0 的表示形式，而补码表示 0 有唯一的形式，即在 n 位字长的定点整数表示中，三种码的 0 有如下的表示形式：

$$\begin{cases} [+0]_{原} = 00\cdots00 & (n个0) \\ [-0]_{原} = 10\cdots00 & (n-1个0) \\ [+0]_{反} = 00\cdots00 & (n 个0) \\ [-0]_{反} = 11\cdots11 & (n 个1) \\ [+0]_{补} = [-0]_{补} = 00\cdots00 & (n 个0) \end{cases} \qquad (1\text{-}25)$$

④ 原码和反码在表示数字时对零的对称性保持了一种直观的平衡。具体来说，无论是原码还是反码，它们都采用一个符号位加上数值位的方式来表示整数，其中正数的符号位为 0，负数的符号位为 1。这样的表示方法使得原码和反码在表达数值范围时相对于零呈现出对称性，即能够表示的正数和负数数量相同。然而，这种对称性的一个结果是零被表示为两种不同的编码：正零和负零。

3. 二－十进制码（BCD 码）

BCD 码（二－十进制码）采用四位二进制码来表示单个十进制数字，是数字电子技术中常见的一种编码方式。该编码方法能够将十进制数直观地转换成二进制形式，便于在计算机系统和数字设备中的处理与显示。在众多 BCD 编码方案中，8421 码、余 3 码、5421 码、ASCII 码等是最为常用的几种。

（1）8421 码

8421 码，作为一种广泛应用的十进制数编码方式，利用四位二进制数范围从 0000 到 1001 来表示单个十进制数字。这种编码方式的核心在于其每一位二进制数所代表的权值分别为 8、4、2、1，正是这一特性为其命名。从左到右，各位的权依次为：2^3、2^2、2^1、2^0，即 8、4、2、1。8421 码与十进制数之间的编码关系展现了一种简洁而直观的对应方式。在这种编码体系中，十进制的数字 0 到 9 分别用二进制的 0000 到 1001 表示，这种对应方式使得二进制表示与十进制数的形式保持一致，确保了编码的逻辑清晰和易于理解。然而，8421 码的设计也明确规定了 1010 到 1111 这六种二进制编码是不被允许使用的，原因在于这些编码超出了十进制数的范围，没有相应的十进制数字与之对应。这种限制确保了 8421 码的专一性和准确性，在数字电子技术中应用时避免了数据的混淆和错误。

（2）余 3 码

余 3 码是一种特殊的十进制数到二进制数的编码方式，它通过在每个十进制数字的二进制表示上加上 3（即 0011），来形成该十进制数的余 3 码表示。因此，对于十进制数字 0 至 9，其余 3 码的表示范围是从 0011（即 0+3）到 1100（即 9+3）。这种编码方式与常用的 8421 码不同，8421 码的每一位都具有固定的权值，而余 3 码的各位没有固定的权值，使其表示不如 8421 码那样直观。余 3 码的一大特点是它是一种对 9 的自补码。这意味着，通过将一个余 3 码按位取反（即进行逐位的非操作），可以得到该数对 9 的补码。例如，如果某个十进制数的余 3 码是 0100，那么它的对 9 补码就是 1011，因为 0100 表示的是十进制的 1，而 1011 在余 3 码中表示的是十进制的 8，两者相加等于 9。这种特性使得余 3 码在进行特定算术运算时非常有用，尤其是在需要对 9 进行补码运算的场合。在进行加法运算时，两个余 3 码可以直接相加。如果相加的结果对应位的和小于 10，那么结果需要减去 3 进行校正；如果对应位的和大于 9，则需要加上 3 进行校正。这种处理方式确保了最终的运算结果仍然是一个有效的余 3 码。这个特性使得余 3 码在进行数字运算时具有独特的优势，尤其是在某些需要快速计算补码的数字系统中。

（3）5421 码

5421 码是一种特别的十进制数编码方式，其区别于常见的 8421 码主要在于最高位的权值为 5，而后续位的权值依次为 4、2、1。这种编码方法使得 5421 码在表示十进制数字时具有独特的结构，为数字电子系统中的数据处理提供了另一种选择。尽管 5421 码的基本原理与 8421 码相似，但权值的这种调整为其应用带来了新的可能性，特别是在需要特定权值分配的场合，5421 码展现出其特有的优势。

（4）ASCII 码

ASCII 码，全称为美国国家信息交换标准代码，是计算机中最为普遍采用的字符编码系统之一，主要针对英文字符进行编码。这种编码标准为计算机内部不同设备间的信息交流提供了一种通用语言，确保了数据传输和处理的一致性。当用户通过键盘输入英文字符时，计算机接收到的是每个字符对应的 ASCII 码；同样地，计算机在将处理结果输出到打印机或显示器上时，也会将这些结果转换成 ASCII 码，从而实现字符的准确显示和打印。

ASCII 码设计之初包含了 128 个不同的字符编码，正好可以通过七位二进制数来表示。这 128 个编码中，涵盖了 52 个英文大小写字母，10 个十进制数字字符，以及 32 个用于文本格式化及表示各种操作的标点符号、运算符号和特殊字符。除此之外，还包含了 34 个控制字符编码，这些不可显示打印的控制字符用于控制文本的流向或设备的行为，如回车、换行、制表，是计算机处理文本和数据时不可或缺的一部分。随着计算机技术的发展和国际化需求的增长，仅用七位二进制数表示的 ASCII 码已不能满足所有的字符编码需求，因此出现了扩展 ASCII 码。扩展 ASCII 码采用八位二进制数进行编码，其前 128 个字符与标准的 ASCII 码相同，而后 128 个编码则被用于扩充字符集，包含更多的符号、特殊字符，以及其他语言的字母。这种扩展极大地丰富了计算机系统能够处理的字符范围，使得 ASCII 码更加灵活，适应于更多语言环境。

4. 可靠性编码

在信息的形成、存储和传送过程中，错误是不可避免的，可能由信号干扰、设备故障或其他外部因素引起。为确保信息传输的可靠性，采用可靠性编码成为必要手段。这类编码通过引入额外的信息（通常称为冗余）来增强数据的鲁棒性，使系统在面对错误时具备发现甚至纠正错误的能力。

（1）循环码

循环码常被称作格雷码，是一种独特的编码方式，其最显著的特征是任意两个相邻编码之间仅有一位不同。这种性质在许多实际应用中具有重要价值，特别是在需要减少转换误差或是保证数据转换稳定性的场合。在四位二进制计数器中，传统的二进制编码在某些数字间的转换可能会涉及多个位的变化，容易在位变化不同步时产生误码。而采用循环码，由于其设计保证了每次变换仅涉及一个位的改变，大大降低了误码的可能性。

循环码不同于传统的加权编码，如二进制编码，其中每一位都有其对应的权值。循环码的设计侧重于编码间的转换性质，而不是各位的权重。这种无权码的特性使其在特定应用下展现出独特的优势，如在旋转编码器和数字通信中的同步问题。

四位循环码的一个典型编码方案展现了循环码的另一特性——对称性。在某个特定的"对称轴"两侧，编码在除了最高位外，其余位呈现镜像对称的排列。这种对称轴通常位于编码序列的中心，如在四位循环码中可能位于 7 和 8 之间的转换点。对称性不仅在视觉上提供了一种有趣的特征，而且也体现了循环码在设计上的巧妙性，即通过简单的规则实现复杂的编码关系。

（2）奇偶校验码

奇偶校验码通过在有效信息位上添加一位校验位，能够帮助系统发现某些类型的错误。这种校验位的设置旨在使得整个编码中 1 的总数符合预设的奇数或偶数规则，从而形成奇校验码或偶校验码。在实际应用中，奇偶校验码通过一种非常直观的方式工作：如果选择奇校验，那么编码中包括校验位在内的 1 的总数应为奇数；如果选择偶校验，则这个数值应为偶数。校验位通常被添加在数据的最前端或最后端，这取决于具体的协议或系统设计。在信息被存储或传送后，接收方通过检查接收到的编码中 1 的总数是否满足奇偶规则，来判断数据在传输过程中是否发生了错误。

奇偶校验码虽然无法纠正错误，但它的设计简洁，能够快速检测出单个位的错误。这种简单的错误检测机制适用于某些对数据完整性有基本要求而对复杂度要求不高的应用场景。在串行通信中，奇偶校验码经常被用来提高数据传输的可靠性。它也被广泛应用于内存校验和其他需要基本错误检测的系统中。奇偶校验码的效率和有效性在很大程度上依赖于错误的类型和频率。对于单个错误，奇偶校验码能够有效地检测出来；但对于两个或两个以上的错误，这种校验方式就无能为力了，因为多个错误可能会相互抵消，使得 1 的总数依旧符合奇偶校验的规则，从而导致错误被忽略。

奇偶校验码在编码时可根据有效信位中 1 的个数决定添加的校验位是 1 还是 0，校验位可添加在有效信息位的前面，也可以添加在有效信息位的后面。

1.3　仿真与 EDA 设计的重要性

在现代电子设计领域，仿真与电子设计自动化（EDA）技术的重要性日益凸显。随着电子技术的迅猛发展，电子系统变得越来越复杂，手工设计方法已经无法满足高效率和高可靠性的要求。在这种背景下，仿真与 EDA 技术成为了电子工程师不可或缺的工具，它们不仅可以显著提高设计的效率和质量，还能降低设计成本，缩短产品的开发周期。

仿真技术使得设计者能够在计算机上构建电子系统的虚拟模型，并在实际制造之前对其进行测试和验证。通过仿真，可以预测电路在各种工作条件下的表现，及时发现设计中的错误和不足，从而避免昂贵的设计迭代和物理测试。更重要的是，仿真可以支持更加复杂的电子系统设计，包括模拟电路、数字电路，以及它们的混合信号电路，为电子产品的创新提供了强大的技术支撑。EDA 技术则提供了一套完整的软件工具，支持从电路设计、布局布线到制造准备的全过程。EDA 工具能够自动完成许多设计任务，如电路图绘制、元件布局、线路布线、时序分析，极大地提高了设计的效率。此外，EDA 软件还可以进行复杂的设计规则检查（DRC）、电气规则检查（ERC）及可制造性检查（DFM），确保设计符合生产要求，提高了产品的可靠性和生产成功率。

第 2 章　数字电路模型

在数字电路的设计、制造和测试过程中，模型扮演着至关重要的角色。模型通过将电路系统分解为多个组成部分，并在不同的层次上进行描述，为理解和处理复杂的数字系统提供了一种有效的方法。数字系统模型的建立不仅有助于设计师详细规划电路的设计，还能够预测电路在实际运行中的表现，确保设计目标的实现。数字系统模型主要分为功能模型、行为模型和结构模型三种类型，每种模型从不同的角度描述电路系统的特性。本章讨论数字系统的功能模型、结构模型等模型的建立方法。

2.1　电路模型的相关概念

数字电路系统的复杂性要求在不同的处理阶段采用多种抽象级别的描述，以适应设计、仿真、测试等各方面的特定需求。这种多级别的抽象描述方法使得设计师能够更加精确地理解和控制电路的行为和性能，从而提高整个系统的设计效率和可靠性。在设计阶段，高层次的抽象模型可以帮助设计师快速确定电路的基本结构和功能逻辑，而无需关注细节实现。仿真阶段则可能需要更细致的电路模型，以便对电路的动态行为进行准确预测和分析。而在测试阶段，模型的重点可能转向电路的物理属性和故障诊断。通过在不同阶段采用不同抽象级别的电路模型，不仅可以提高设计的灵活性和效率，还能确保电路设计的质量和可靠性。

2.1.1 数字系统的抽象级

数字系统的抽象级别可以根据电路处理信息的类型进行划分，这种分类方法有助于设计师在不同设计阶段关注适当的细节，提高设计的效率和准确性。最基本的抽象级别是逻辑级，主要关注电路的基础逻辑运算和布尔表达式。其次是寄存器级，侧重于数据在寄存器之间的传输和操作，以及寄存器与逻辑门之间的相互作用。指令级抽象则涉及处理器指令集的实现，关注如何通过指令来控制硬件执行特定任务。再次是处理器级抽象，集中于处理器的内部结构和功能，如流水线、缓存和核心架构。最高层次是系统级抽象，它将处理器、存储设备、输入输出设备等整合为完整的系统，重点在于系统的整体性能和功能。

在分析和设计数字电路时，电路的抽象级别提供了多维度的视角。逻辑级分析是最基础的，它关注于电路是如何处理逻辑值（即 0 和 1）的。在这一层面上，电路被视为由逻辑门组成的网络，每个逻辑门执行基本的布尔运算，如 AND、OR、NOT。逻辑级分析帮助设计师理解电路的基本行为，例如，如何根据输入的逻辑值生成特定的输出。电路也可以从数据与控制的相互作用角度进行分析。在这个层次上，控制部分指导数据部分的行为，而控制逻辑本身仍然基于逻辑值的处理。不过，数据处理不再局限于单一的逻辑值，而是扩展到了数据字的概念。数据字可以视为逻辑值的集合，或者说是多个逻辑值组成的矢量，这些矢量代表了比单个逻辑值更复杂的信息或指令。在实际电路中，这些数据字通常存储在寄存器中，寄存器是能够保存一个数据字的存储单元。当电路的分析和设计考虑数据字的存储和处理时，就进入了寄存器级的抽象。寄存器级关注于数据字在寄存器之间的传输、处理，以及寄存器与控制逻辑之间的交互。这个层次的分析对于理解电路如何执行复杂操作至关重要，包括算术运算、数据移动、条件判断。寄存器级的抽象允许设计师构建和优化数据路径，以及设计用于管理这些路径的控制逻辑。

在数字电路和系统设计中，指令级抽象提供了一种将控制信息组织成一系列指令的方法，这些指令定义了数字系统的操作和行为。在指令级视角下，数字系统的能力和功能通过其能够理解和执行的指令集来描述。每条指令代表一个操作或一组操作，这些操作指导数字系统如何处理数据，完成计算和控制任务。指令级的抽象使得设计师能够从更高的视角规划和设计系统的行为，优化指令集以提高效率和性能。在处理器级抽象的视角比指令级更加宏观，在这个层次，整个数字系统被视为一个处理单元，专注于执行一系列指令或程序。程序是由一系列指令组成的，旨在完成特定的任务或操作序列。处理器级的关注点不仅在于单个指令的执行，而且在于指令流的管理和优化，即如何有效地组织和调度这些指令来实现高性能和高效率。这里的程序也可以视为特定的数据结构，它们控制数据的流动和处理逻辑，从而实现复杂的算法和功能。在更高的系统级抽象中，整个数字系统被看作由多个子系统或电路单元组成的复合体。每个子系统都执行特定的功能，通过交换和处理信息来相互协作，共同完成整个系统的目标和任务。信息的交换通常采用数据字的形式，这些数据字封装了交互所需的数据和控制信息。系统级抽象允许设计师从全局角度理解和设计数字系统，考虑各个子系统之间的接口和交互方式，以及如何通过合理的架构设计来实现系统的整体功能和性能目标。

2.1.2　功能与结构模型

对一个数字系统，不论它处于哪种抽象级，都可以把它看作是一种黑箱，完成对输入信息的处理并产生输出，如图 2-1 所示。

图 2-1　把数字系统作为黑箱

23

数字系统的功能行为由其实现的输入/输出（I/O）映射决定，这种映射如同黑箱模型，外界仅能观察到输入与输出之间的关系。这种行为的描述与电路所处的抽象级紧密相关，可通过逻辑值或数据字来具体指定。在逻辑级，电路行为通常以布尔逻辑值来定义，描述了在给定逻辑输入下电路的逻辑输出。而在更高的抽象级，电路的行为则通过数据字来表示，反映了一组逻辑值或矢量之间的映射。

1. 功能模型

在数字系统的设计和分析中，功能模型和行为模型是两种基本且关键的概念，它们从不同的角度描述了系统的运作方式。功能模型专注于系统的逻辑功能，即如何将输入值转换为输出值，而忽略了这一过程中的时间因素。这种模型提供了一种非时序的视角，便于理解和验证系统在逻辑层面的正确性。与之相对的行为模型则包括了时间参数，不仅描述了值的转换，还涉及这些转换发生的时序关系，提供了一个更全面的视角，展示了系统在实际运行中的动态行为。将逻辑功能与时序关系分开处理，这种方法有其明显的优势。它允许设计师在不考虑时间复杂性的情况下，专注于系统的逻辑正确性，从而简化了设计和验证的过程。两个电路可能在实现相同的逻辑功能时具有不同的时序特性，但它们可以共用一个功能模型，这极大地提高了设计的效率。在电路的测试和验证过程中，可以独立地对逻辑功能和时序特性进行检查，这不仅减轻了测试的负担，也使得发现和修正错误变得更加直接和高效。在实践中，功能模型和行为模型常常被灵活运用，以适应不同的设计和分析需求。功能模型作为一种更抽象的表示，适用于初步设计和快速验证阶段，帮助设计师快速概括和理解电路的基本功能。而当进入更细致的设计和优化阶段时，行为模型则变得至关重要，它能够提供更多关于电路时序性能的细节，指导设计师对电路进行精确的调整和优化。

2. 结构模型

结构模型为数字系统提供了一种基于组件级的描述方式，通过将系统视为多个较小部件或元件的集合来展示系统的组成和组织结构。这种模型方法不仅揭示了系统的物理或逻辑结构，而且还突出了各个部件之间的相互连接和交互。例如，一个计算机系统的模块结构图就是由多种类型的部件，如CPU、RAM、I/O 器件等组成的；一个电路的结构图可以是由一些部件，如AND OR、XOR、SN7474、译码器等所组成的结构模型。

在数字系统设计实践中，结构模型与功能模型的结合使用或混合使用是一种常见且有效的策略。结构模型通过明确展示系统各部件的组成和连接，为理解系统的物理或逻辑架构提供了清晰的视图。这些部件的信息，无论是显式还是隐式地给出，都为深入理解系统的工作原理和性能特性奠定了基础。而对于一些小规模的电路，直接将其描述为执行特定功能的黑箱，不仅简化了系统的表示，也便于集成和应用。功能模型则关注于描述系统或组件的逻辑功能，即如何将输入变换为输出，而不涉及具体的实现细节。这种模型有助于聚焦系统的行为特性，对于验证设计的逻辑正确性和功能完整性至关重要。将结构模型与功能模型结合起来使用，可以在不同的设计阶段灵活地切换视角，既可以从宏观上掌握系统的整体架构和工作流程，又能够关注到微观上具体功能的实现和行为特性。这种混合使用的方法不仅提高了设计的准确性和可靠性，还增强了设计的灵活性和适应性。

3. 外部模型与内部模型

在数字系统设计领域，外部模型和内部模型代表了系统的两种不同视角。外部模型是面向用户的，旨在描述系统的功能和行为，以图形化或文本形式呈现，从而使用户能够直观地理解和使用系统，而无须深入掌握其背后的复杂实现细节。这种模型通过使用形式语言，如硬件描述语言（HDL），允许设计师以接近自然语言的形式精确地指定电路的逻辑结构和行为，这种描述方式不仅便于设计师和工程师之间的沟通，也使最终用户能够较容易地理解系统的功能。在此框架下，外部模型充当了用户与系统之间交互的界面，无论是通过图形用户界面还是文本指令集，都为用户操作和控制数字系统提供了途径。

内部模型则专注于系统的实际实现，深入到数字系统内部的数据结构、算法和程序逻辑。这一模型层面主要面向系统开发者，提供了如何构建和维护系统的细节信息。内部模型的存在，使得开发人员能够优化系统性能，进行故障诊断和系统维护，因为它提供了对系统工作机制深入的理解。内部模型对于识别和修复系统内部可能出现的问题是不可或缺的，它使得开发人员能够在深层次上理解系统，进而提出有效的解决策略。

外部模型与内部模型的共存为数字系统设计提供了一种强大的方法论，将系统设计的概念与实际实现紧密连接。这种双模型策略不仅满足了用户对系统功能的需求，也满足了开发人员对系统内部结构和逻辑的理解需求。通过这两个模型的互补，系统的设计、开发和维护过程得以顺利进行，确保了系统的高效率和高质量。在实际操作中，这两种模型也成为了不同利益相关者之间沟通的桥梁，无论是非技术背景的管理人员和最终用户，还是具有专业技术背景的开发团队成员，都可以通过这些模型，更加有效地进行交流和协作。外部模型和内部模型在系统的设计验证和测试阶段发挥着关键作用，它们帮助团队验证设计的正确性，确保系统按照预期的功能和性能运行。这种方法论的核心，在于它提供了一种全面理解和掌握复杂数字系统的手段，无论是从用户交互的层面，还是从系统内部实现的角度。

2.2 PLD 器件的分类及特点

在数字电路设计领域，可编程逻辑设备（PLD）因其高度的灵活性和可定制性，成为实现各种逻辑功能的重要工具。PLD 器件通过为设计师提供可编程的"与"和"或"阵列，使得复杂的数字逻辑电路变得简单且高效。本节将探讨 PLD 器件的几种基本形式：PROM、PLA、PAL 和 GAL，每种类型的器件都有其独特的结构和特点，满足不同设计需求。

2.2.1 PROM 结构

PROM 是由固定的"与"阵列和可编程的"或"阵列组成的，如图 2-2

所示。"与"阵列为全译码方式，当输入为 $I_1 \sim I_n$ 时，与阵列的输出为 n 个输入变量可能组合的全部最小项，即 $2n$ 个最小项。"或"阵列是可编程的，如果 PROM 有 m 个输出，则包含有 m 个可编程的或门，每个或门有 2^m 个输入可供选用，由用户编程来选定。所以，在 PROM 的输出端，输出表达式是最小项之和的标准"与"或"式"。

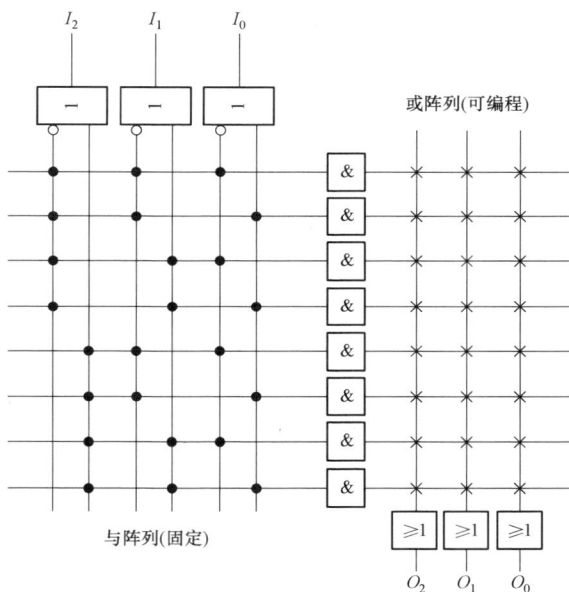

图 2-2　PROM 结构

ROM（只读存储器）及其衍生类型 PROM（可编程只读存储器）、EPROM（可擦除可编程只读存储器）和 EEPROM（电可擦除可编程只读存储器）核心功能是进行"读"操作，因此它们主要用作存储器。

2.2.2　可编程逻辑阵列结构

在传统的 ROM 设计中，全译码的"与"阵列产生了所有可能的输入组合，即使许多组合在特定逻辑函数中并不需要，导致硬件资源的浪费。PLA 通过其可编程的"与"阵列解决了这一问题，它允许只生成逻辑函数实际所需的乘积项，而不是所有可能的输入组合。这种灵活性大大提高了硬件利用率，减少了不必要的硬件开销。可编程逻辑阵列（PLA）的"或"阵列同样是可编程的，使得设计师可以根据需要选择特定的乘积项来实现逻辑函数，进一步优化了设计。

PLA 提供了处理逻辑函数的高效方式。虽然其基础结构与 ROM 相似，但 PLA 的"与"阵列部分是可编程的，并采用部分译码方式运作。这意味着 PLA 仅生成逻辑函数实际所需的乘积项，避免了不必要的资源浪费。同时，PLA 的"或"阵列同样具备可编程性，允许设计者根据具体需求，精选必要的乘积项进行逻辑运算。

在 PLA 的输出端产生的逻辑函数是简化的"与""或"表达式。PLA 结构如图 2-3 所示。

PLA 由于其独特的设计，相比于传统的 ROM 具有更小的规模和更快的工作速度，尤其在实现那些包含大量公共项的输出函数时，PLA 的优势尤为明显。通过允许设计师仅生成和使用逻辑函数所需的乘积项，PLA 避免了 ROM 中常见的资源浪费问题，实现了硬件资源的经济高效使用。

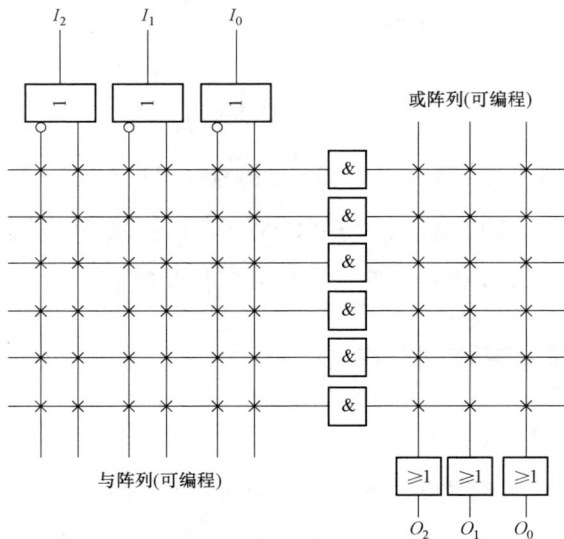

图 2-3　输出"与""或"表达式的 PLA 结构

2.2.3　PAL（Programmable Array Logic）结构

可编程阵列逻辑（PAL）设备，作为电子设计领域的一种创新，充分利用了阵列逻辑技术的优势，提供了规则性的阵列结构与逻辑功能的灵活性。这种设计不仅满足了电子系统对多样化逻辑功能的需求，还简化了编程过程，使得逻辑设计变得更加直观和易于操作。PAL 的出现标志着从 ROM 和 PLA 向更高效率和灵活性的转变，其设计理念强调了易于编程和快速实现复杂逻辑功能的能力。与 PROM 相比，PAL 提供了更大的灵活性，允许设计师在单一器件上实现多种逻辑操作，而与 PLA 相比，其工艺更加简化，更易于广泛应用。

PAL 设备的设计通过可编程的"与"阵列与固定的"或"阵列的结合，提供了一种高效的方式来实现复杂的逻辑函数。这种独特的结构使得 PAL 能够灵活地产生所需的逻辑输出，且相比其他可编程逻辑设备，PAL 在实现逻辑功能时提供了更多的选项和可能性。在 PAL 的设计中，每个输出能够包含多达 7 到 8 个乘积项的"与""或"输出，这一点超越了传统逻辑设备的能力。这不仅增强了逻辑表达的丰富性，也使得更加复杂的逻辑判断和操作成为可能。例如，复杂的决策逻辑、算术运算、数据处理等都可以通过 PAL 设备得到有效的实现和支持。

PAL 的另一个显著特点是其具备的记忆功能，这一功能由其内部结构的反馈机制实现。通过将输出通过触发器反馈到"与"阵列，PAL 不仅能够存储先前的状态，还能根据当前的输入和逻辑需求动态调整其功能状态。这种能力使 PAL 不仅限于实现静态的逻辑功能，更能构建动态的状态机，支持更为复杂的时序逻辑和数据操作流程，如加减计算、数据移位、条件分支等操作，PAL 结构如图 2-4 所示。

2.2.4　GAL（Generic Array Logic）结构

通用阵列逻辑（GAL）器件在可编程逻辑设备领域占据了重要的位置，

继承了 PAL 的基本结构特点，同时引入了创新的设计，进一步增强了设备的灵活性和功能性。与 PAL 相同，GAL 也由可编程的"与"阵列和固定的"或"阵列组成，这种结构使得 GAL 能够实现复杂的逻辑函数。然而，GAL 在输出端采用了可组态的输出逻辑宏单元（OLMC），这一关键的改进使得用户可以根据需要定义输出状态，极大地扩展了 GAL 的应用范围。

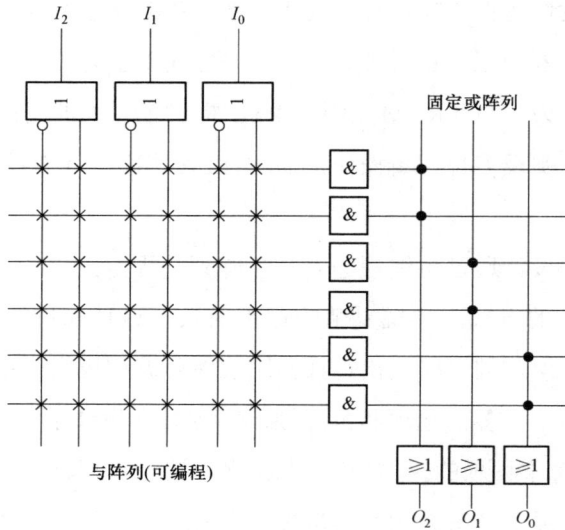

图 2-4　PAL 结构

　　GAL 器件的这种可组态的输出特性不仅提升了设计的灵活性，也使得 GAL 能够适应更广泛的设计需求。每个输出端的逻辑宏单元可以被配置成不同的逻辑模式，包括组合逻辑和时序逻辑等，这意味着 GAL 不仅可以用于实现静态的逻辑判断，也能够构建复杂的状态机和控制逻辑。此外，由于输出逻辑宏单元的可编程性，GAL 器件可以通过软件更新来修改或优化其逻辑功能，为产品的迭代更新和功能扩展提供了便利。

　　GAL 器件采用的是高速电可擦除 CMOS 工艺，这一技术选择赋予了 GAL 速度快、功耗低和集成度高的特点。高速的性能保证了 GAL 可以满足时序要求严格的应用场景，而低功耗的特性则使其适用于功耗敏感的移动设备和便携式电子产品。高集成度进一步减小了 GAL 器件的物理尺寸，有助于降低电路板的空间压力，特别是在空间受限的应用中显示出其独特的优势。在市场上，GAL 器件的几个典型代表如 GAL16V8、GAL20V8、GAL22V10，已经被广泛应用于各种电子系统中，从简单的逻辑控制到复杂的数字系统设计。这些 GAL 器件不仅满足了现代电子设计对速度、功耗和灵活性的要求，也通过其高度的可定制性，为设计师提供了广泛的设计空间，使得创新和优化成为可能。

2.3　逻辑级的功能模型

在数字系统设计中，逻辑级的功能模型是基础且关键的抽象层次，它直接关联到系统如何在最基本的水平上处理信息。

2.3.1　真值表和立方体

表示组合电路逻辑功能的基础方法之一是采用真值表。真值表以表格形式列出了逻辑变量的所有可能组合及每种组合对应的函数输出值。这种方法直观且全面，能够清晰地展示在不同输入条件下电路的预期行为。通过真值表，设计师可以轻松识别逻辑函数的特性，包括确定函数的输出在特定输入下的状态。

设电路所实现的逻辑函数为 $Z(x_1, x_2, \cdots, x_n)$，则在真值表中就有 2^n 项。这时用高级编程语言中的数组来存储这些项，则所需要的数组维数是 2^n。此外，若电路具有 m 个输出，这时在真值表的每一项中对输出而言就有 m 位，每一位与电路的一个输出的值相对应。

先讨论它最开始的两行。在这两行中，输出 Z 的值都为 1，它独立于输入 x_3 的值，即 Z 的值与 x_3 的值无关。这时，可以用形式（00x|1）来对这两行进行压缩表示，这里 x 表示值未指定或不关心，用竖线"|"来分开输入值和输出值，当然，在容易区分的场合，可以不用此竖线。这种类型的表示也可以用如下的立方体来描述。

考虑信号 $(a_1, a_2, a_3, \cdots)$，该信号的分量所对应的一个具体信号值所构成的一个矢量 $(v_1, v_2, v_3, \cdots)$ 就称为一个立方体。例如，信号 (x_1, x_2, x_3) 的立方体如图 2-5 所示。

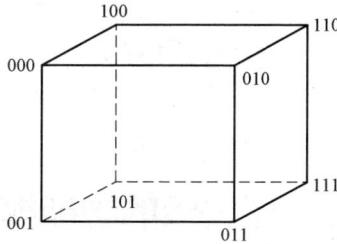

图 2-5 信号（x_1, x_2, x_3）的立方体表示

这种表示方法称为立方体表示或简称为立方表示，也称为立方集表示。

一个逻辑函数 $Z(x_1, x_2, x_3)$ 的立方体具有形式 $(v_1, v_2, v_3 \mid v_z)$，这里 $v_z = Z(v_1, v_2, v_3)$。从而，Z 的一个立方体能够表示它的真值表中的一项。

可由如下方式来构建逻辑函数 Z 的一个蕴涵 g：

若 x_i（或 $(\overline{x}_i)$）在 g 中出现，则令 $v_i = 1$（或 0）；

若 x_i 和 $(\overline{x}_i)$ 都不在 g 中出现，则令 $v_i = x$；

置 $v_z = 1$。

例如，立方体 $(00x\mid 1)$ 表示了蕴涵 $\overline{x}_1 \overline{x}_2$。

对一个立方体 p，用 0 或 1 代替在 p 中的一个或多个 x 值，用这种方法可以获得另一个立方体 q。这时，称 p 覆盖 q。例如，立方体 $(00x\mid 1)$ 覆盖了立方体（$000\mid 1$）和（$001\mid 1$）。

不被其他蕴涵项所包含的蕴涵项称为质蕴涵项。一个立方体若能表示逻辑函数 Z 或 $\overline{Z}$ 的一个质蕴涵项，则称该立方体为原始立方体。

对一个给定的输入组合 $v = (v_1, v_2, \cdots, v_n)$，这里 v_i 是二元值 0 或 1，下面使用逻辑函数 Z 的原始立方体表示去决定在该输入下 Z 的值。搜索 Z 的原始立方体，直至找到了一个能覆盖 v 的输入。例如，对 $(v_1, v_2, v_3) = (0, 1, 0)$，它匹配原始立方体 $(x10\mid 0)$，因此 $Z(0, 1, 0) = 0$。

由于值 0 和 1 的求交是不相容的，因此产生 ∅；在所有其他的情况下求交是相容的，产生 0、1 或 x。这里 ∅ 表示空集。

2.3.2　逻辑函数的二元判定图表示

逻辑布尔函数在数字系统设计中占据核心地位，多种传统表示方法，如真值表、卡诺图和积之和的范式等，虽然在表达布尔函数方面各有优势，但随着数字系统复杂度的提升，这些方法逐渐显露出局限性。一方面，真值表在处理具有大量输入变量的函数时会急剧膨胀，导致难以管理和分析；另一方面，卡诺图在变量数量增加时也会变得难以绘制和使用，限制了其在复杂布尔函数简化中的应用。卡诺图存在如下的缺点：对于每个具有 n 个变量的布尔函数都有 2^n 个或更多的表示式，在用计算机进行处理时，需要 2^n 个空间单元（存储单元）来表示；尽管高级布尔函数表示方法（如二元判定图）在数字系统设计中提供了显著的优势，它们在某些情况下仍面临挑战。特别是在执行一些看似简单的操作时，如对布尔函数进行取反，可能会触发指数级的复杂性增长，这对存储空间和计算资源的需求造成了显著的压力。这种情况在处理大规模或特别复杂的布尔函数时尤为突出，限制了这些表示方法在实际应用中的效率和可行性。对于同一个布尔函数，这些高级表示方法可能存在多种不同的表示形式。这种多样性虽然在某些情况下提供了灵活性，但在进行等价性验证等操作时却带来了困难，不仅增加了设计验证的难度，也影响了设计流程的效率。

二元判定图（BDD）作为一种高效简洁的布尔函数表示和运算方法，已在数字系统设计领域得到广泛研究和应用。通过图形化的表示方式，BDD将复杂的布尔函数功能直观地展现出来，其中根节点到叶节点的路径直接对应于函数值为 1（或 0）的输入矢量。与传统的布尔函数表示方法相比，BDD展示了一系列显著的特点，这些特点使其成为处理布尔函数问题的有力工具。首先，实际应用中的布尔函数大多可以通过节点数相对较少的 BDD 来表示。这种紧凑的表示不仅减少了存储空间的需求，也简化了布尔函数的操作和分析过程。与真值表或卡诺图等方法相比，即使是复杂的布尔函数，BDD 也能以更少的资源消耗进行表达，提高了处理大规模逻辑问题的能力。其次，BDD 在一定条件下为每个布尔函数提供了唯一的表示形式。通过应用规范化规则和顺序约束，可以确保同一个布尔函数在 BDD 表示中的一致性。这一特性极大地便利了布尔函数之间的比较和等价性验证，解决了多种表示可能带来的混淆和验证困难。唯一性的保证也为布尔函数的优化和简化提供了坚实的基础，使得逻辑设计和分析更加准确高效。最后，BDD 的计算机实现相对简单直接，得益于 BDD 的图形结构和算法支持，可以通过程序轻松实现布尔函数的构建、修改和操作。这使得 BDD 不仅适用于手工逻辑设计，而且极其适合集成到自动化设计工具中，为电路设计和验证提供强大支持。编程实现的便利性也意味着 BDD 可以灵活应用于各种复杂度的布尔函数问题，从简单的逻辑门级电路到复杂的数字系统设计。

BDD 作为一种高效的布尔函数抽象表示法，通过有向无环图的形式将复杂的布尔函数结构化地展示出来。在这种图形表示中，每个节点代表一个布尔变量的决策点，而不同的路径代表不同的变量赋值组合，最终导向的叶节点表示函数的输出结果。BDD 的独特之处在于对图中变量的编序进行了严格限制，即任何变量在从根节点到叶节点的路径上至多出现一次，并且遵循一定的顺序。这种约束不仅保证了表示的一致性和可管理性，而且大大简化了对布尔函数进行操作的复杂度。通过这样的结构，BDD 能够支持对布尔函数进行快速有效的各种操作，如逻辑运算、简化、等价性检验，使其成为处理布尔逻辑问题的强大工具。具体地，二元判定图是有一个根节点的有向无环图，这里用 $G = (V, E)$ 来表示，V 为节点集，E 为边集。节点集 V 有两类节点：非终节点和终节点。非终节点有两个属性值：节点的编序和两个子节点。终节点只有一个属性。边集 E 由从父节点指向子节点的连接组成。

二元判定图通过其独特的图形元素和结构来表示布尔函数。在这种图中，非终节点和终节点分别用不同的几何形状表示：非终节点由一个圆圈表示，而终节点则用矩形框表示。每个节点内部的属性值清晰地标注于相应的圆圈或矩形框内，提供了关于布尔变量或结果的直接信息。图中的边作为连接节点的线，用来表示布尔决策的不同结果，其中虚线代表 0 边，实线代表 1 边，分别对应于布尔变量的取值。所有的边都是有向的，从父节点指向子节点，表明了决策的流向。为了简化图形表示，边的具体方向一般省略不画。

例如，对逻辑布尔函数 $f = c(a + b)$，它的 BDD 表示如图 2-6 所示。

在图 2-6 中，共有两个终节点，其属性值分别为 0 和 1。在图 2-6 中共有 3 个非终节点，其中有一个是根节点，其属性值为 a，其余两个非终节点的属性值分别为 b 和 c。对真值表中的每一种取值组合，都存在从根节点到一个终节点的一条路径。因此，用图 2-6 可以表示布尔函数 f 的逻辑功能。

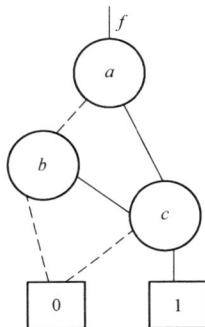

图 2-6　逻辑函数 f 的 BDD 表示

BDD 也可以应用于对时序电路的表示。图 2-7（a）是一个 JK 触发器，J 和 K 是同步输入端，R 和 S 是异步输入端，y 和 $\bar{y}$ 是两个互补的输出端。这个触发器的 BDD 表示如图 2-7（b）所示。通过该 BDD 可以确定输出 y 和 $\bar{y}$

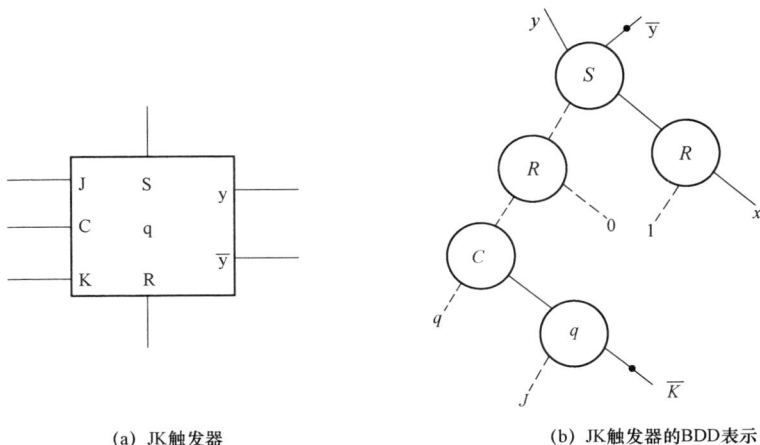

(a) JK 触发器　　　　　　(b) JK 触发器的BDD表示

图 2-7　触发器及其 BDD 表示

的值。例如，对 $S=0$，$R=0$，$C=1$，$q=1$，可以计算 y 的值。从 BDD 图中，可以得到 y 的值为 $\bar{K}$，即 $Y=\bar{K}$。在节点 q 的 1 边上有一圆点，表示对 K 的值取反。此外，对"不合理"的输入 $S=1$ 和 $R=1$，电路输出的值为不确定或为未定义 x。

对一个逻辑函数，除了使用它的真值表来构造二元判定图之外，也可以直接使用它的逻辑表达式来构造 BDD。一般情况下，在所得到的二元判定图中可能包含冗余节点，这时通过进行一些操作，可以使图的结构得到简化。常用的操作有 Reduce、Apply、Ite 等。

2.3.3 功能模型的程序描述

在数字电路设计中，除了传统的表示方法，程序代码的使用也提供了一种灵活且强大的方式来建立电路的功能模型。这种基于程序的建模方法允许设计师以高度结构化和抽象的方式直接用程序语句来描述电路的功能行为。不同于数据驱动的模型，程序描述的方式可以更自然地表达电路的逻辑结构和操作逻辑，尤其适合处理一些基本电路元件和复杂逻辑功能的建模。通过编写程序来模拟电路功能，设计师能够利用高级编程语言的强大表达能力，如条件判断、循环控制，直接构建出反映电路行为的模型。这不仅使得模型的建立过程更加直观和灵活，而且有助于提高设计的可重用性和可维护性。例如，利用硬件描述语言（HDL），如 VHDL 或 Verilog，设计师可以精确地描述数字逻辑电路的功能，从而在不依赖具体硬件的情况下进行仿真和验证。基于程序的电路模型还易于集成到自动化设计流程中，提供了一种高效的方法来进行电路设计、仿真和优化。

一般地，使用特定数据结构的建模方法，如真值表和 BDD，在电路处理算法方面是容易开发的；而基于程序代码的建模方法在计算性能方面就更有效一些，因为它省去了对数据结构的解释过程。

在现代电路设计的应用中，能够实现从电路的结构模型自动转化为程序代码的方法提供了巨大的便利。这种方法特别适用于处理只涉及二元值 0 或

1 的情况,使得结构模型中的逻辑门可以直接映射为编程语言中的逻辑操作。
下面以图 2-8 中的一个组合电路为例进行说明。

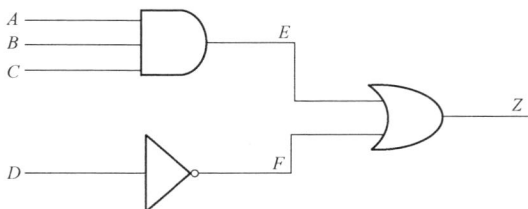

图 2-8　组合电路

【例 2-1】使用 C 语言对图 2-8 中的电路模型化。

```
E=A& B&C          //E 为 A,B,C 之积,E=A. B. C;

F=-D              //F 为 D 的值取反,F=D;

Z=E|F             //Z 为 E 和 F 的值求逻辑和,Z=E+F;
```

在 C 语言程序设计中,可以通过限定变量 A、B、C、D、E、F、Z 的值
仅为 0 或 1,来模拟数字电路的行为。这种方法将电路的逻辑功能直接映射
为程序代码,其中逻辑运算符如"&"(与)、"|"(或)和"! "(非)用来表达
电路中的 AND、OR 和 NOT 操作。这样编写的程序,在编译过程中会被转
换成机器码,使得电路功能的模拟可以在计算机硬件上直接执行。这种基于
程序的电路功能模型,也被称为编译代码模型,提供了一种高效且直观的方
式来设计和验证数字电路。

2.4　寄存级的功能模型

　　数字系统设计中,寄存级的功能模型提供了一种中间层次的抽象,关注
数据在寄存器之间的流动及其操作。此层次的模型超越了基础的逻辑级
表示,引入了寄存器这一概念,它们作为数据存储和传输的基本单元,支撑
起更高级别的数据处理和控制流程。

2.4.1 寄存器传输语言的结构

寄存器传输语言（RTL）提供了在寄存器级和指令级的数字系统模型，数据字和控制字存储在寄存器和存储器中。可以对寄存器和存储器进行定义，例如：

```
register  IR[0→7]
```

就定义了一个 8 位寄存器 IR；

```
memory  ABC[0→255;0→15]
```

就定义了 256 字的存储器 A、B、C，每个字有 16 位，即 16 位/字。

通过描述在各寄存器间的数据字的处理与传送过程来隐式定义"数据通路"。RTL 模型是功能模型，它在注重功能描述的同时提供对结构信息的概括。RTL 使用一些基本运算来描述数据字的处理与传输，例如，若 A、B、C 是寄存器，则语句：

```
C=A+B
```

在寄存级的功能模型中，对数据操作的描述往往采用高度抽象的方式，如将寄存器 A 和 B 中的数据相加，再将结果存储到寄存器 C 的过程，可以简洁地表示为"$C = A + B$"。这种表示方法虽然没有具体指明执行加法运算的硬件结构，却隐含了这样的硬件存在并参与计算。此模型强调的是操作的逻辑关系和数据流动，而非具体的物理实现细节。

在寄存级的功能模型中，数据处理流程的控制经常依赖于条件运算来实现。例如：

```
if  X  then  C=A+B
```

这说明当控制信号 X 等于 1 时，应使 $C=A+B$。

对复杂控制条件的描述，经常涉及布尔表达式和关系运算符的使用。例如：

```
if ( clock and (AREG<BREG))
then AREG=BREG
```

说明把 BREG 的数据传送到 AREG，即 AREG = BREG，这个操作产生的条件是：当 clock=1 且包含在 AREG 中的值小于在 BREG 中的值。

对控制条件的说明，也可以使用类似于高级编程语言中的方式，例如：

$$test\ (IR[0\rightarrow 3])$$
$$case\ 0: operation;$$
$$\cdots$$
$$case\ q: operation_q;$$
$$testend$$

这些语句说明：选择 case 0～case q 中的哪一个操作来执行，是由在寄存器 IR 中的位 0～位 3 的值来决定。这里也隐含了存在一个硬件译码器。

通过使用多个布尔运算，可以实现一个复杂的组合功能。例如：

$$Z = (A\ and\ B)\ or\ C$$

当 Z、A、B、C 是 n 位矢量时，这个语句就说明：对矢量的每一位，分别执行对应的布尔操作。

RTL 在描述硬件地址方面也提供一种压缩的结构。例如，对前面已定义的存储器 A、B、C，使用 ABC 就说明了字在地址 3。若 BASEREG 和 PC 都是寄存器，则

$$ABC[BASEREG+PC]$$

说明了字的地址是由把这两个寄存器中的值相加来获得的。

在 RTL 中经常使用的其他运算是移位和计数。例如：

$$shift\_right(AREG, 2, 0);$$

该语句是把 AREG 中的数据向右移动两位，并且在左边空出的位用值 0 来填充。

RTL 也允许使用变量以前的值。若用一种"时间单元"来度量时间，则对变量 x 而言，两个时间单元以前的值可以表示为 $x(-2)$。例如：

$$if\ (x(-1) = 0\ and\ x = 1)\ then \cdots$$

该语句说明了 x 的值从 0 至 1 发生迁移的条件。这里，x 是等价于 $x(0)$，它代表了 x 的当前值。

有限状态机（FSM）在寄存器传输级（RTL）设计中有两种主要的描述方式：直接方法和抽象方法。

直接方法涉及使用状态变量组成的状态寄存器来表示系统当前的状态。状态迁移是通过直接改变这些状态寄存器中的值来实现的。这种方法直观反映了状态之间的转换逻辑，使得状态的变化和管理变得清晰可控。

抽象方法采用了更高级的逻辑划分，将系统的行为分解成若干个不相交的模块，每个模块以特定的状态为标识，并描述了该状态下的操作逻辑。状态之间的转换则通过使用"go to"语句来实现，这种方式允许更为灵活的状态管理和转换描述，提供了对复杂系统行为的高级抽象。例如：

```
state S₁, S₂, S₃;
S₁; if x then
        begin
        P = Q + R;
        go to S₂;
    end
  else
    P = Q - R
    go to S₃;
  S₂:...
```

在抽象方法的有限状态机描述中，系统在任意给定时刻仅处于一个激活状态，即当前状态。该状态定义了系统在该时刻的行为和可能的状态转换。当系统处于状态 S 时，执行与状态 S 关联的功能模块操作，这是描述中的一个隐含条件。这种描述方式的优势在于，它在进行状态分配前就能对有限状态机的行为进行全面的描述。

2.4.2　RTL 中的时序模型

在 RTL 的时序模型中，根据时间概念的处理，RTL 被划分为程序性语言和非程序性语言两大类。程序性语言的特征与传统的高级编程语言相似，其核心在于语句按照串行的顺序执行。这样的执行方式意味着任何语句的输出可以被紧随其后的语句立即采用。这种特性使得程序性语言在描述电路时能够模拟出顺序逻辑和时序控制，语句之间的先后顺序直接影响整个电路的行为和性能。例如：

```
A = B;
C = A;
```

这里传送给 C 的值是 A 的新值，也即是 B 的值。程序性 RTL 语言经常使用或借用常规的编程语言（如 Pascal 和 C 语言）来进行数字系统的描述。

与程序性 RTL 语言相反，非程序性 RTL 语言中的语句是并行执行的。仍然对如上的例子：

```
A = B;
C = A;
```

此时，这两个语句并行执行，将 A 的以前的值传送给 C，即 C 的值并不是前面例子中的 B 的值。

程序性 RTL 在描述指令级的数字系统时发挥着重要作用，尤其是在采用基于时间周期的时序模型时更是如此。这种模型着重于阐述处理机的指令周期，详细说明在单个指令周期内完成指令的存取、译码、执行等一系列操作的过程。指令周期的概念是理解处理机操作的关键，每个周期代表了处理机完成一个完整指令流程所需的时间。模型还需明确指出在指令周期结束时处理机的具体状态，这包括了处理机可能的不同状态和对应的行为。

在时序方面，通过指定相关操作的时延，可以获得更详细的行为模型。例如：

```
C = A + B, delay = 100;
```

说明 C 获得了它的新值，且在传送开始之后的 100 个时间单元，C 的值一直是它的这种新值。

在 RTL 中定义时延的另一种方法是为变量指定时延。例如：

```
delay C 100;
```

对于 RTL 语言,程序性语言和非程序性语言可以相互融合,形成混合型语言。这种混合型语言的特点是能够同时处理操作的串行执行和并行执行。这样的结合使得 RTL 语言在处理各种类型的任务时更加灵活多变。通过将程序性语言和非程序性语言结合起来,可以实现更高效的任务执行,充分利用了串行执行和并行执行的优势。

2.4.3　内部 RTL 模型

在用计算机对 RTL 进行处理时,是用一定的数据结构或编译代码来对 RTL 模型进行表示的。之后,这种与 RTL 模型有关的数据结构对不同的应用就会有不同的含义。若用编译代码时,则一般只用于仿真。这种编译代码一般是从程序性 RTL 语言中产生的,其过程为:RTL 描述先被转换成高级语言程序代码,如 Pascal 语言或 C 语言;之后,把高级语言程序代码编译成可执行的机器代码。

2.5　结构模型

2.5.1　结构模型的外部表示

数字系统的一种典型结构模型是用特定的语言指出它的 I/O 信号线、它的每一部件,以及每一部件的 I/O。这里以图 2-9 所示电路为例进行说明。

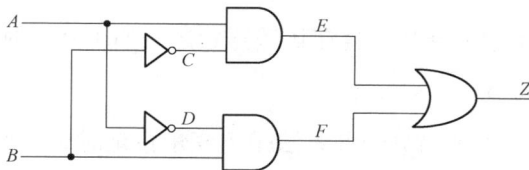

图 2-9　XOR 电路

【例2-2】图2-9所示电路的结构模型描述。

```
CIRCUIT XOR
INPUT = A, B
OUTPUT = Z
 NOT D, A
  NOT C, B
AND E, (A, C)
AND F, (B, D)
OR Z, (E, F)
```

对一个门的定义主要包括它的类型和它的 I/O 信号名称。所用的描述形式是：输出、输入的列表，信号之间的互连是通过信号线的名称和对门的描述来说明的。

在某些情况下，单个部件可能具有多个输出，或者在数字系统中可能会使用多个相同类型的部件。针对这些情况，需要为每个部件的输入和输出定义不同的名称，这里以图2-10所示的电路为例进行说明。

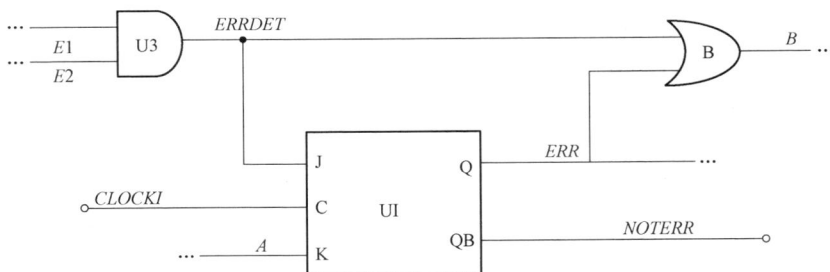

图 2-10　电路举例

为了在电路中使用 JKF/F 触发器，这时电路的结构模型将包括如下的这种语句：

```
U1 JKF/FQ=ERR,QB = NOTERR,J = ERRDET,K=A,C= CLOCK1;
```

该语句明确定义了部件的名称、部件类型，以及与之连接的信号线的名称。

在对电路外部模型进行处理时，编译器对模型定义中的语句、引用的类型（如 JKF/F），以及信号线的名称（如 Q,J,K）都要能够进行识别。为此，

43

通过建立部件库，在库中存放一些基本部件，以便在对数字系统进行模型化时调用。

使用部件库的方法暗示了在描述结构模型时采用了自下而上的方法。首先，对部件进行建模化，建立部件库，这些部件模型可以是结构性的，也可以是 RTL（寄存器传输级）模型。一旦定义了这些部件，它们就成为了用户能够利用的基本构建块，从而成为了设计数字电路的组成模块。每个部件在库中都被称为一个类，它们具有特定的功能和属性。在电路设计中所使用的具体部件实例则被称为某个类的实例。这种方法允许设计人员从具体的部件实例出发，逐步构建出整个数字系统的结构。

在结构模型中，可以通过直接指定部件实例的时延来定义时序信息。例如：

```
AND X,(A,B) delay 10
```

当同种类型的大多数部件具有相同的时延时，可采用如下方式来说明：

```
delay AND 10
```

2.5.2　结构模型的性质

结构模型在数字系统中的表示常常采用图论中的图形概念。这种图形表示的优势在于能够应用图论中的各种概念和算法，使得分析和设计过程更加简洁高效。在结构模型中，信息通过部件进行处理，并沿着信号线单向传输。这种特性使得可以用有向图来描述电路的结构。在这样的有向图中，每个节点代表一个信号线，而边则表示信号的传输方向。通过将部件和信号线映射为图中的节点和边，可以清晰地呈现出数字系统的结构。原始输入和输出信号线则被映射为特定类型的节点，从而能够清晰地区分出系统中的各个组成部分，如图 2-11 所示。

在电路设计中，信号线的扇出是一种常见情况，即一条信号线能够将信息从一个源传送到多个目的地。这种情况下，称该信号线具有扇出功能。相反，若一个电路中的信号线没有扇出，则被称为无扇出电路。无扇出电路的图形结构实质上是树形结构，这种结构相对易于处理。然而，在一般情况下，

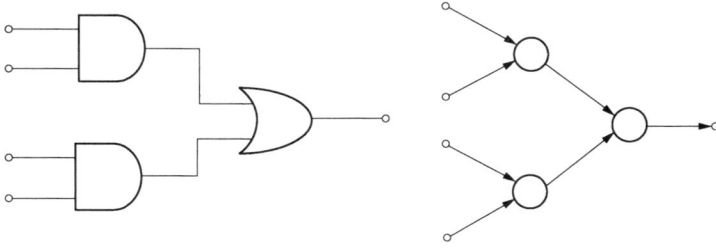

图 2-11　一个无扇出电路及其图表示

电路中的信号线可能具有扇出，且存在多输出部件等情况。这时，可以利用有向图来表示这种电路。具体而言，将电路中的部件和信号线映射为图中的节点，而边则表示部件与信号线之间的连接，或者表示信号线之间的连接。图 2-12 给出了一个例子，它是图 2-11 中电路所对应的有向图。在图 2-12 中标有 x 的节点是与电路中的信号线相对应的；没有标 x 的节点是与电路中的部件相对应的。

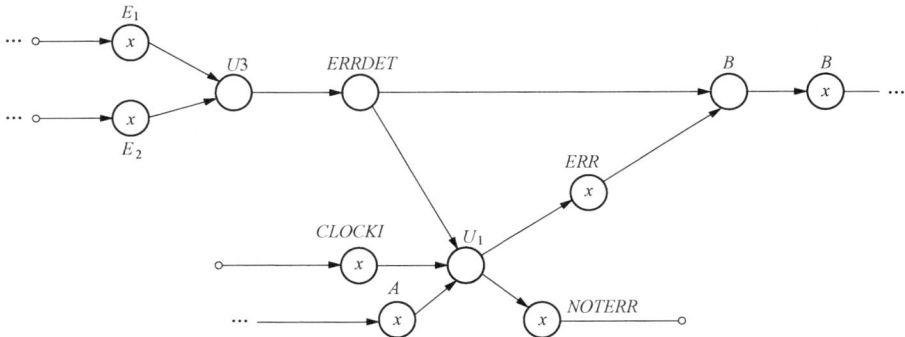

图 2-12　在图 2-11 中的电路所对应的图表示

在电路的结构模型中，常常会涉及重汇聚扇出和信号线的逻辑级这两个概念。重汇聚扇出是针对输出的概念，它指的是来自同一扇出源的多条路径在同一部件处汇聚到一起的情况。换句话说，当一个输出信号同时经过多条路径到达同一个部件时，就存在重汇聚扇出。例如，在图 2-12 中从 *ERRDET* 出发的两条路径在 *B* 处汇聚。信号线的（逻辑）级是从原始输入信号线到该线的距离度量。原始输入信号线的级被定义为 0；对电路的一个信号线 i，记它的

45

级为 $L(i)$。设以信号线 i 作为输出的部件的输入是来自信号线 $k_1, k_2, \cdots, k_p$，则

$$L(i) = 1 + \max_j L(k_j) \qquad (2\text{-}1)$$

为计算信号线的级，可以采用以下步骤，即使用广度优先搜索算法对电路信号线进行遍历。

① 对每一个原始输入线 i，设置 $L(i) = 0$；

② 对每一个未分配级的信号线 i，首先使得以它作为输出的部件的所有输入信号线都已经分配了一个级。然后用式（2-1）来计算信号线 i 的逻辑级。

在时序电路中，对信号线逻辑级的概念同样适用，不同之处在于需要考虑反馈线。对于作为伪原始输入的反馈线，它们的级通常设置为0。以图 2-13 所示的电路为例，可以按照以下步骤确定信号线的级：

级 1：E, D, J；

级 2：F, K；

级 3：G；

这里 A, B, C, R, S 的级都为0，还有其他几条反馈线的级也为0。

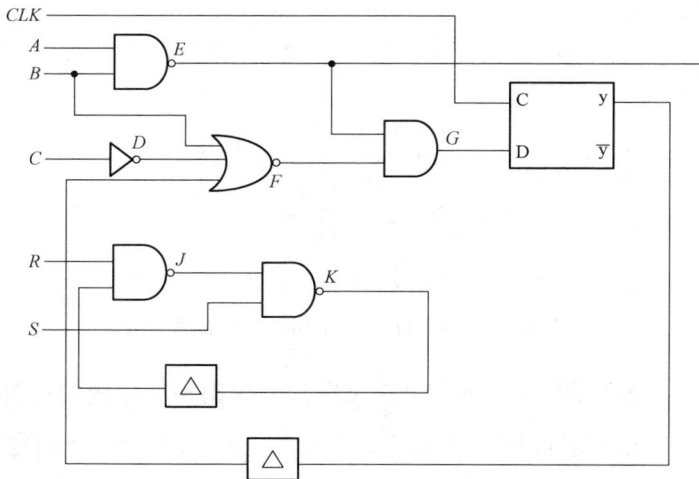

图 2-13　信号逻辑水平

信号线的级别不仅可以用于描述信号线的逻辑级，还可以用于对信号线进行编号。在处理电路时，除了使用信号线的名称外，直接对信号线进行编

号也是一种便捷的方式。通过为每条信号线分配唯一的编号，可以简化电路的处理过程，并更方便地进行分析和管理。编号可以基于信号线的逻辑级别来确定，例如，将级别为 0 的信号线标记为 1 号，级别为 1 的信号线标记为 2 号，以此类推。编号时可采用如下方法：设两个信号线的编号为 i_1 和 i_2，则当 $L(i_1) \leqslant L(i_2)$ 时，才有 $i_1 < i_2$。

2.5.3　结构模型的内部表示

在计算机处理结构模型时，通常会采用其内部表示，这一表示通常由多个表构成的数据结构组成。其中，主要包括元件表、信号表、扇入表和扇出表。

一个元件可以由它在元件表中的位置（索引）来确定；与元件 i 相关的所有信息可以查询元件表中每一列的第 i 项。类似地，可以查询信号表而得到信号线的相关信息。第 1 列的含义是说明表中每一行的编号，与元件和信号没有关系，例如，这一列的值 3 仅代表该表中的第三行。对元件 i，元件表中每一列的含义如下：

① Name(i) 是元件 i 的外部名称；

② Type(i) 定义了元件 i 的类型，PI 代表原始输入，PO 代表原始输出；

③ Nout (i) 是元件 i 的输出信号线的数目；

④ Out (i) 是元件 i 的第一个输出信号线在信号表中的位置（索引）；

⑤ NFI(i) 是元件 i 的输入线数；

⑥ FIN(i) 是元件 i 的第一个输入信号线在扇入表中的位置。

对信号 j，信号表中每一列的含义如下：

① Name (j) 是信号线 j 的外部名称；

② Source (j) 是信号线 j 发源（起始）的元件的索引；

③ NFO(j) 是信号线 j 的扇出线数；

④ Fout (j) 是信号线 j 的第一个扇出线在扇出表中的位置。

当电路中的每个元件仅有一个输出时，可以将元件表和信号表进行合并，以简化数据结构。合并后的表会包含元件和信号的所有信息，包括元件的类型、属性，以及信号的名称、类型。这样的合并不仅简化了数据结构，还减小了存储和处理的复杂性。

上述的数据结构合并后可能存在一定的冗余，因为可以通过扇入表来构建扇出表，反之亦然。然而，这种合并的数据结构具有一定的通用性，因为它能够从两个方向对电路所对应的图进行遍历。通过这种数据结构，可以轻松地从元件到信号的方向或者从信号到元件的方向进行遍历，以便进行各种电路分析和处理操作。这种双向遍历的能力使得数据结构更加灵活，适用于不同类型的电路分析需求。

除了基本的元件和信号信息外，使用这种数据结构时，可以根据具体需求在表中增加一些列。例如，可以添加时延列，记录每个元件或信号线的传输时延，以便进行时序分析和优化；还可以添加物理设计信息列，包括元件的位置、布局等，以帮助进行物理设计布局。

除了基本的数据结构之外，数字系统的结构化模型还可以采用子系统方法。这种方法将电路表示为多个子系统的组合，允许使用多级的内部结构表示。在这种情况下，讨论两级的情况，其中最高级的部件被称为子系统。为了描述子系统的内部结构，元件表需要增加一列，用于说明组成子系统的基本元件之间的互连关系。

在子系统方法中，相同类型的子系统实例使用相同的数据结构，这对包含多种相同类型部件的数字系统较为有利，因为它可以节省存储空间。通过使用相同的数据结构来表示具有相似功能的子系统，可以避免重复存储相同类型的信息，从而提高存储效率。然而，子系统方法也存在一些不利因素。子系统方法的完成相对复杂，特别是在使用多级抽象时。在多级抽象中，需要详细说明子系统及其内部部件之间的连接关系，以及不同级别之间的转换。这增加了计算量和编码工作，增加了系统设计和处理的复杂性。通常只使用两级抽象，以在尽可能简化的情况下实现所需的功能。

第3章　数字电路的逻辑仿真

在早期的集成电路设计中，系统验证是一个极其复杂且困难的过程，通常需要在面包板或印制电路板上进行调试。然而，随着技术的发展，现代集成电路设计领域里设计人员可以借助各种辅助分析软件来进行电路仿真，这极大地提高了整个系统设计的效率和准确性。电路仿真在不同的开发阶段具有不同的级别，包括行为级仿真、功能级仿真、时序仿真、逻辑门级仿真、开关级仿真、晶体管级仿真和电路级仿真。

仿真在电路设计中扮演着至关重要的角色，其关键在于模型。模型是仿真的基础，它们模拟了电路的结构及其真实过程，使得设计人员能够在计算机上对电路进行验证和分析。不同的电路模型构成了不同类型的电路仿真，而从高级到低级的仿真过程则是一个对电路系统从抽象到具体逐步展开的过程。在高级仿真中，通常采用行为仿真器，它能够对一个完整的系统进行仿真。这种仿真器基于高层次的抽象模型，忽略了电路内部的具体细节，关注系统的整体行为和功能，因此能够在相对短的时间内完成仿真任务。随着仿真精度的提高，需要更加具体和细致的仿真模型。这时就需要转向低级仿真，如电路级仿真。电路级仿真考虑了电路中每个晶体管的具体动作和响应，因此能够提供更加精确的仿真结果。然而，这也增加了仿真时间，尤其是对于超过上万个晶体管的电路，会占用大量 CPU 时间。

行为级仿真在电路设计中扮演着重要的角色，通常作为高级硬件语言的仿真器。它将整个系统划分为几个大的功能块，并且将这些功能块视为黑盒子，只考虑它们之间的输入和输出关系。在行为级仿真时，只是将电路块内部抽象为一个功能单元，不关心其内部细节，这样可以简化仿真模型，提高仿真效率。功能级仿真则更为简化，不考虑电路元件和连线上的延迟等情况。在功能级仿真中，元器件仅被视为单位延迟，即假设所有的操作都是瞬时完成的。这种简化使得仿真过程更加快速，但同时也牺牲了一定的仿真精度。虽然行为级仿真和功能级仿真都是以抽象的方式来描述电路行为，但它们的精度和复杂度有所不同。行为级仿真更注重系统的整体行为和功能，能够快速验证系统的功能正确性；而功能级仿真更加简化，适用于快速验证系统的基本功能，但对于复杂的时序和延迟分析则可能不够准确。

在行为模拟或功能模拟结果正确的情况下，进一步考虑时序性能对于电路设计的重要性。在这种情况下，通常会将系统划分为几个功能块，并对每个功能块进行时序仿真。时序仿真一般分为两种形式：静态时序仿真和后仿真。静态时序仿真，也称为静态时序分析，是在不需要对输入信号进行激励测试的情况下进行的。它将逻辑器件按静态工作方式进行分析，并计算每条路径上的延迟。静态时序分析特别适用于同步系统，在这种系统中，通过求解相邻两个触发器之间最长的路径延迟，可以得出系统的最高工作频率。这个最长延迟路径被称为关键路径，对于整个系统的性能评估至关重要。另一种时序仿真是后仿真，也称为后时序仿真。这种仿真是在对电路进行了布局与布线，并提取了元器件和网线上的实际延迟信息之后进行的。后仿真需要对输入信号进行激励，并观察输出结果，以评估系统的时序性能。通过考虑实际布局和布线的延迟信息，后仿真能够更准确地反映电路在实际工作条件下的性能。

逻辑门级仿真在 ASIC 电路的时序功能检查中扮演着重要角色，在这种仿真中，一个逻辑门或逻辑单元被视为一个黑盒子，并按照其功能进行建模。与功能仿真不同的是，逻辑门级仿真模型还包括了逻辑单元的延迟信息，这些延迟信息被视为单位延迟。虽然逻辑门级仿真可以快速评估电路的时序功能，但有时候需要更精确的延迟信息，这时候就要考虑使用开关级仿真。开关级仿真将每个晶体管视为一个开关，模拟其开启和关闭的过程。相比于逻辑门级仿真，开关级仿真能够提供更精确的时序信息，因为它考虑了电路中每个晶体管的具体动作和响应。电路复杂性增加，开关级仿真的计算复杂度和仿真时间也相应增加，特别是对于大型复杂的电路。晶体管级仿真将电路中的每个晶体管都作为一个模型，来模拟其非线性的电压与电流之间的关系。这种仿真能够提供最准确的时序信息，但也是最耗时的仿真方法，适用于对时序性能要求非常高的电路。

3.1　仿真的原理

仿真是使用电路系统的模型来进行设计验证的另一种方法，图 3-1 是仿真的原理图。

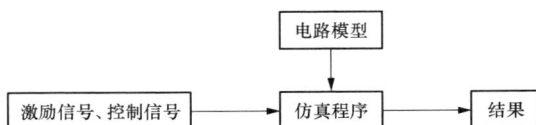

图 3-1　仿真的原理图

在图 3-1 中，仿真程序的过程通常分为几个关键步骤。首先，对激励信号的表示格式进行处理，这是为了确保电路模型能够正确地接收和解释输入信号。这个步骤涉及对激励信号进行格式转换、解析或其他必要的预处理操作，以确保仿真能够有效地进行。接着，仿真程序会利用处理后的激励信号来计算电路模型在外部激励信号作用下的输出响应。这个过程涉及对电路模型进行仿真计算，根据输入信号的变化情况，推演出电路中各个部件的状态和输出信号。通过仿真计算，可以获得电路在给定输入条件下的输出结果。最后，仿真程序会将计算得到的输出响应与所要求的预期响应进行比较，以验证电路在功能和时序等方面的特定性质。这个比较过程通常包括对输出信号的波形、逻辑状态及时序特征进行分析和比对。通过比较实际输出与预期输出，可以确定电路是否符合设计要求，验证其功能正确性和时序性能。除了对电路的功能和时序特性进行验证外，逻辑仿真还可以用于验证电路系统的其他操作。例如，可以利用逻辑仿真来验证电路的控制逻辑、数据通路、状态机行为等。通过仿真可以模拟系统的各种操作场景，评估系统的行为是否符合设计预期，并发现潜在的设计缺陷或性能问题。

电路设计者通常依赖于电路的一个物理原型来验证其设计。这种方法的主要优点在于仿真可以在系统的工作速度下进行，从而有效地验证电路的功能和时序特性。通过物理原型，设计者可以直接观察电路的行为和性能，从而更加直观地评估其设计的有效性和可靠性。建立物理原型所需的费用和时间通常较高。对于复杂的集成电路而言，建立物理原型的成本和风险更是巨大。第一，制造一个原型电路需要进行芯片设计、掩模制作、样品制造等烦琐的工艺步骤，这些步骤需要昂贵的设备和专业技术支持。第二，制造原型芯片的周期通常较长，可能需要数月甚至数年的时间。较长的周期会延迟整个设计流程，增加了项目的风险和不确定性。尽管物理原型能够提供直接的实验数据，但在精度方面往往难以保证。由于制造过程中存在一些不可避免的误差和不确定性，原型电路的性能可能与设计预期存在一定的偏差。特别是对于高性能、高精度的电路设计而言，这种偏差可能会影响整个系统的性能和稳定性。

仿真是由软件模型来代替这种电路原型，它容易分析和建模。它与传统的基于原型的方法相比，具有如下的优点：

① 容易检查一些特定的状态或条件，如总线冲突；

② 能够在任何一种期望的状态下开始对电路进行仿真；

③ 在仿真期间可以检查用户指定的一些期望值；

④ 能对异步事件（如中断）的时序进行精确控制；

⑤ 能够改变一些元件的延迟以检查最坏情况下的时序条件。

除了成本和时间因素之外，使用仿真工具相比使用硬件原型还有一些其他优势。虽然仿真速度可能比硬件原型慢得多，但仿真工具能够提供更多的追踪和调试功能，这在解决一些问题时非常有用。通过仿真工具，设计者可以在仿真过程中暂停并检查电路中任何信号线的值，这对于分析和调试电路的行为至关重要。与硬件原型不同，仿真可以在用户设定的任何条件下停止，以便查看电路中特定信号线的值，这些信号线的值在硬件上可能无法直接捕获。这种灵活性使得仿真工具成为设计过程中强大的辅助工具，在大规模集成电路（LSI）的设计中更具价值。

一般地，在设计仿真程序（或系统）时会涉及如下三个方面：

① 如何生成输入激励；

② 如何知道仿真结果是正确的；

③ 如何确定输入激励的质量好坏。

输入激励在电路仿真中扮演着至关重要的角色，它通常由一系列测试实例组成。每个测试实例都是为了验证模型行为的一个确定方面而设计的。

当仿真结果与设计规范提供的期望结果相符时，就可以认为仿真结果是正确的。设计规范通常由一些非正式或手写的系统行为组成，它们描述了电路应该如何工作和响应外部输入。在设计的自顶向下过程中，通常会使用最高级的形式模型，如 RTL 模型，来表示电路的整体行为。随后，任何高一级模型均会定义其下一级模型应满足的规范。在验证设计规范的完成情况时，通常会采取一种逐级递进的方法。通过对高一级模型和其下一级模型施加相同的测试实例来检查规范的实现情况。这意味着使用相同的输入来激励两个模型，并比较它们的输出结果。如果两个模型的输出结果相符，就可以认为下一级模型已经正确地实现了高一级模型定义的规范。这种逐级递进的验证方法简化了规范的检查过程，并确保了设计的正确性和一致性。通过将高一级模型的输出作为下一级模型的预期输出，设计者可以在设计过程中逐步验证各个层次的规范实现情况，确保每个模型都符合其上一级模型的要求。

在电路设计过程中，设计错误的出现是难以避免的。设计错误可能具有多种形式，包括逻辑错误、时序问题、布局问题等。然而，设计错误的集合通常是无法完全列举或计数的，因此也无法准确定义构成设计错误的空间。这给电路设计带来了挑战，因为这意味着无法开发一种通用的算法来生成测试实例，也无法开发一种方法来度量和评价测试实例的质量。

尽管设计错误的集合无法完全列举，但经验表明，大多数设计错误与数据的传送序列或转换序列有关，而与数据操作自身无关。这是因为数据操作通常是常规操作，而其控制和时序往往与系统中的其他操作同时相关。在设计验证中，更关注数据的控制方面。以指令集处理器为例，最小的测试实例通常涉及执行指令集中的每一条指令。然而，设计测试实例时必须考虑处理器执行不同操作所需要的特定指令序列、不同指令序列之间的交叉影响及中断等因素。在设计验证过程中，对数据的控制成为焦点之一。设计者需要确保处理器在执行不同操作时能够正确地控制数据的传送和处理。这包括确保正确的指令序列被加载和执行，以及处理器能够正确地响应外部事件和中断。

尽管仿真方法在电路设计验证中具有重要的作用，但也存在一些缺点。其中一个主要的缺点是缺乏通用的方法来生成测试实例。测试实例的生成通常是一种启发式方法，主要依赖于设计者的直觉和对系统特性的认识。由于设计错误的集合是无法完全列举的，因此，设计者必须基于其对电路功能和特性的理解来设计测试实例，以覆盖尽可能多的可能。这使得测试实例的生成过程相对主观和不确定，可能会导致遗漏一些潜在的设计错误。尽管存在这些缺点，多年的实践表明，仿真仍然是一种有效的设计验证方法。在设计过程的早期阶段，仿真能够帮助发现大多数的设计错误，从而及时纠正和优化设计。通过在仿真环境中模拟电路的行为和性能，设计者可以快速评估不同设计选择的效果，验证设计规范的实现情况，并发现潜在的问题和风险。仿真方法的另一个优点是其灵活性和可控性。设计者可以在仿真环境中轻松地调整和修改测试实例，以覆盖不同的工作条件和边界情况，并观察电路的行为和性能。这使得设计者能够深入理解电路的工作原理和特性，并及时发现和解决设计中的问题。仿真还能够提供丰富的调试和分析功能，帮助设计者定位和诊断设计错误。通过观察仿真结果和波形图，设计者可以深入分析电路的运行情况，发现潜在的问题和异常情况，并采取相应的措施加以解决。

3.2　编译仿真与事件驱动仿真

在早期的仿真器中，信号线的值采用了简单的二值模型，即 0 和 1，而电路元件则主要由基本逻辑门和一些特殊触发器组成，延迟也只有一种，即零延迟。在这种仿真器中，信号值 0 和 1 分别被映射到内存中的一个地址或一个位上。每个逻辑门的输入和输出信号值的计算可以直接采用逻辑运算指令来实现。这种仿真方法被称为编译仿真。其核心是将电路的仿真过程直接编译成计算机指令代码，然后通过运行生成的机器语言程序来实现电路的仿真。具体而言，仿真器会将电路的逻辑结构转换为等效的计算机程序，该程序通过模拟逻辑门之间的信号传输和逻辑运算来模拟电路的行为。

早期的编译仿真方法在处理电路时只考虑了元件的逻辑功能，而未考虑元件之间的延迟时间，因此主要适用于组合电路和同步时序电路的仿真。然而，随着电路设计领域的不断发展，对电路描述的要求也越来越高，设计者希望能够在不同的抽象层次上进行描述。近年来，随着对电路描述的层次化和细化，编译仿真方法也得到了改进和扩展。在这种改进的编译仿真方法中，除了考虑元件的逻辑功能外，还加入了对元件之间延迟时间的处理，以及对多值逻辑的支持。这样，编译仿真方法不仅能够更准确地模拟电路的行为，还能够提高仿真的运行速度。

表驱动仿真和编译仿真是两种不同的仿真方法，它们在处理电路仿真时采取了不同的策略和技术。

3.2.1　表驱动仿真

表驱动仿真是一种常用的仿真方法，它通过将逻辑电路的描述转换成内部表格数据，并以某种数据结构存储在计算机中来实现。这种方法的核心是在仿真过程中直接操作预先存储的表格数据，而不是对电路描述进行逐步解析和执行。在表驱动仿真中，专门的编译器会将逻辑电路的描述转换成适当的表格数据，并按照某种数据结构存储在计算机中。这些表格数据包括了电路的连接关系和各种电路参数，如元件延迟参数、功能特性、输入激励信号波形。这些数据以表格的形式存储，能够有效地表示电路的结构和行为，便于后续的仿真过程使用。在仿真过程中，仿真程序会根据输入的激励信号，通过查找、存取和解释执行表格中的数据来模拟电路的行为。通过对表格数据的操作，仿真程序能够快速准确地模拟电路的行为，包括信号传输、逻辑运算、时序特性等。由于仿真过程直接操作表格数据，因此可以节省对电路描述进行逐步解析和计算的时间，从而提高了仿真的效率和速度。此外，表格数据的存储结构也可以针对特定的电路结构和仿真需求进行优化，进一步提高了仿真的效率和性能。通过存储不同类型的表格数据，仿真程序可以根据需要快速准确地模拟电路的行为。这种灵活性使得表驱动仿真方法适用于各种不同类型和规模的电路设计和验证需求。

3.2.2 编译仿真

在编译仿真中，编译代码模型是仿真器的一部分。编译代码可以来自如下几个方面：RTL 模型；用高级编程语言写的功能模型；电路结构模型。

在极端情况下，仿真器可能会仅包含编译代码模型，这种情况下，编译代码模型充当了仿真器的核心部分。其基本功能是读取输入矢量，然后针对每个矢量运行模型，并最终显示仿真结果。下面通过图 3-2 的电路来说明编译仿真器的执行过程。

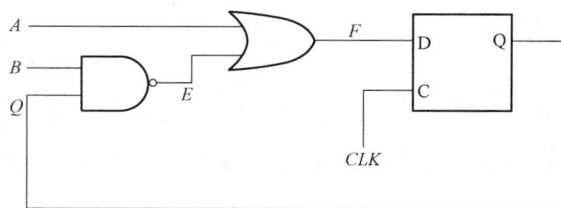

图 3-2　同步电路举例

图 3-2 的同步电路是由周期性的时钟信号 *CLK* 所控制的。假定在一个新的输入矢量施加到电路之后，在 F/F 被锁住之前，存在足够的时间使 F/F 的数据输入变为稳定。若这个假定被满足，则仿真时就可以忽略单个门的延时。因此，对每一个矢量，仿真时只需要计算 *F* 的静态值，并且把该值传递到 *Q*。

在生成代码模型的过程中，需要按照电路的层级结构逐级计算各个值。这一过程的目的在于确保在计算某个门的输出值时，其所有输入信号线的值都已经被计算。原始输入 *A* 和 *B* 的级为 0，它们的值是从一个给定的激励矢量文件中读取的。这里假定在 0 级的另一个信号线是 *Q*，它的初始值是已知的。

这时仿真器处理的仅是二元值，这些值存储在变量 *A*、*B*、*Q*、*E* 和 *D* 中。

【例 3-1】图 3-2 所示电路的代码模型。

```
LDA   B
AND   Q
 INV
STA   E
 OR   A
STA   F
STA   Q
```

在编译仿真器对电路进行处理时，需要特别注意的是，对于每一个输入矢量，所有电路中的元件都必须得到适当的处理。

若 *Q* 的初始值是未知的，则仿真器必须处理值 0、1 和 *u*。用具有两个分量的矢量对这 3 种值进行如下编码：

$$0 \rightarrow 00$$
$$1 \rightarrow 11$$
$$u \rightarrow 01$$

通过观察可以发现，对于给定的三个矢量，任意两个之间的 AND（或 OR）操作可以直接由对应的每个分量的 AND（或 OR）操作来完成。这是因为在逻辑运算中，AND（或 OR）操作的结果只取决于对应位置上的两个分量的 AND（或 OR）结果，而不受其他分量的影响。当涉及对这些矢量进行 NOT 操作时，情况就有所不同。简单地对每个分量求补并不能直接得到 NOT 操作的结果。这是因为 NOT 操作是对整个矢量的每个分量都取补，而不是仅对某个分量进行求补。因为对值 u 的矢量编码，会产生新编码 10。对此可采用如下方法来处理：在求补之后再交换两个分量的值。

编译仿真也可以对异步电路使用。考虑图 3-3 的异步电路模型，这里假定延时仅在反馈线中出现，M 代表组合电路部分。

对一个输入矢量 X，电路对此的响应是电路进入一系列的状态变迁，这可由状态变量 Y 的变化来表示。假定输入矢量仅在电路处于稳定时即 $Y = Y'$ 时才施加到电路的输入端。在为组合电路 M 生成代码模型之前，需要确定反馈线和它所处的级（0 级）。图 3-4 是对异步电路进行编译仿真的一般过程。代码模型的执行是由 X 和 Y 的值来计算 Z 和 Y' 的值。

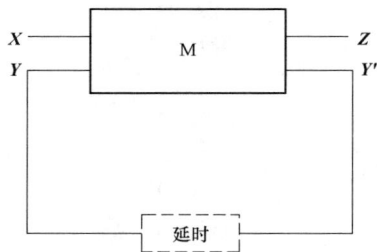

图 3-3 异步电路模型

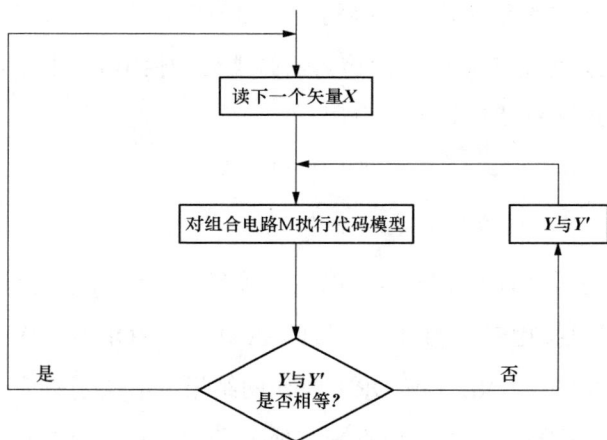

图 3-4 对异步电路进行编译仿真的一般过程

对异步电路的编译仿真方法有时是不精确的，需要做进一步的处理。例如，图 3-5（a）中的电路可以作为脉冲生成器：当 A 由 $0 \rightarrow 1$ 变迁时，非门 B 的延时生成了一个区间，在此区间内 C 的输出具有值 1，这样 C 产生了一个 $0 \rightarrow 1 \rightarrow 0$ 的脉冲。对此若不精心地模型化，这种脉冲不可能由编译仿真器所预见，因为编译仿真器仅能处理电路的静态行为，在静态时，C 一直为 0。

为了考虑 B 的延时，对电路进行一些操作是必要的，这里把 B 作为反馈线处理，如图 3-5（b）所示。对图 3-5（b）的电路模型，能够进行正确的编译仿真。一般地，导出这样一种能进行编译仿真的电路模型，需要用户的一些手工输入，不可能自动完成。

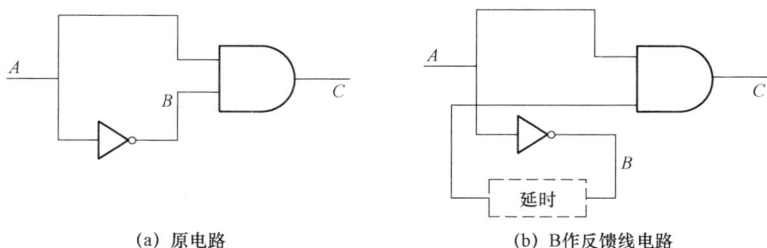

(a) 原电路　　　　　　　　　　　　(b) B作反馈线电路

图 3-5　脉冲电路的编译仿真

当允许向电路中添加反馈线时，虽然这为电路设计带来了更大的灵活性，但同时也引入了一种挑战：即存在多种添加反馈线的方案，从而导致可能存在多种不同的电路模型。每种电路模型对延时的定位都有不同的假定，因此对同一个激励矢量，每种电路模型都会产生各自不同的响应。以图 3-6 中的电路为例，这个电路包含了一个反馈线，使得其结构更为复杂。在设计这样的电路时，需要考虑如何合理地添加反馈线，以达到所需的功能并最小化延时。

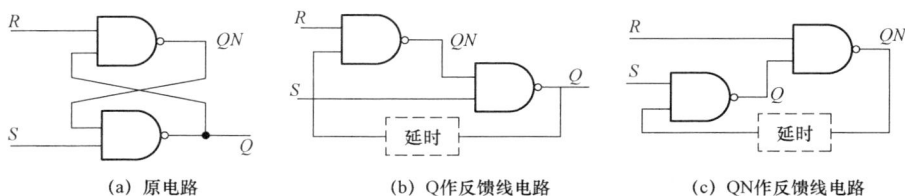

(a) 原电路　　　　　　(b) Q作反馈线电路　　　　　(c) QN作反馈线电路

图 3-6　电路编译仿真的例子

考虑图 3-6（a）电路对如下情况的仿真：首先是矢量 00，紧接着的是矢量 11。使用 Q 作为反馈线如图 3-6（b）这种模型，可以确定 QN 从 1 到 0 变迁，而在这两个矢量时 $Q=1$。使用 QN 作为反馈线如图 3-6（c）这种模型，得到 Q 从 1 到 0 变迁，而在这两个矢量时 $QN=1$。00 和 11 两个矢量引起了竞争，这是导致电路运行结果不同的根本原因。竞争是指在电路中存在多个信号同时竞争同一资源的情况，这种竞争可能导致电路的行为出现不确定性和不一致性。在这个例子中，当矢量 00 和 11 同时到达电路时，它们引起了竞争，使得电路的运行结果受到了影响。这个例子进一步揭示了图 3-4 中给出的编译仿真不能处理竞争和冒险这两种常见的现象。

3.2.3　事件驱动仿真

在电路仿真中，一个信号线的状态改变被称为一个"事件"。基于这些事件，电路中的负载元件会被驱动，根据其功能计算输出，并可能产生新的事件。这种使用事件来驱动仿真的方法被称为事件驱动仿真。这种仿真方法依赖于电路的结构模型，因此被归类为表驱动仿真的一种。

当一个事件在信号线 i 发生时，在电路中把信号线 i 作为输入的元件称为是"激活"的。事件驱动仿真器是一种基于电路结构模型的仿真方法，它通过传播事件来模拟电路的行为。在这种仿真中，原始输入信号线值的改变是由激励文件来定义的。激励文件包含了对电路输入的描述，指定了在仿真过程中信号线值的变化情况。当激励文件指定了信号线值的改变时，仿真器会相应地更新电路中的信号线状态，并触发与这些信号线相关的事件。这些事件会影响与之相连的元件，并通过计算元件的输出来产生其他信号线上的事件。这样，事件在电路中传播，驱动着电路的动态行为。对于每个事件，仿真器会根据元件的功能和当前输入值计算输出值。这些输出值又可能导致其他信号线的状态发生改变，从而产生新的事件。这种事件的传播过程一直持续下去，直到电路中不再有新的事件产生为止。

在事件驱动仿真中，每个事件都发生在一个确定的仿真时刻。仿真的"时间流机制"负责控制这些事件的发生,以确保它们按照正确的顺序发生。这个时间流机制是仿真器的核心部分,它负责管理仿真过程中的时间进展,并根据预定义的事件序列来调度事件的发生。根据电路的结构,可以通过预先定义的事件序列来表示施加的激励矢量的顺序。这个事件序列中包含了所有将要发生的事件,它们被按照时间顺序排列,并存储在称为"事件表"的数据结构中。在仿真过程中,仿真器会按照事件表中的顺序逐个调度事件的发生。

图 3-7 展示了事件驱动仿真的基本流程,这是一种重要的仿真方法,用于模拟电路的行为。在这个流程中,仿真时间被推进到有一些事件被调度为"将来事件"的下一个时刻,这个时刻成为当前的仿真时间。随后,仿真器从"事件表"中找出在当前时刻被调度的事件,并且更新"激活"信号的值。这些"激活"信号然后被用于确定激活元件。这一过程并行完成并在电路中不断推进。对激活元件输出端值的计算可能会产生一些新的事件。这些事件在将来会被调度,调度的时刻是根据与元件操作相关的时间延迟来决定的。

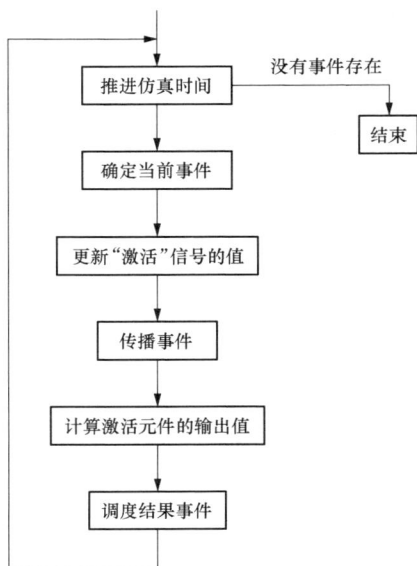

图 3-7　事件驱动仿真的基本流程

最后，仿真器向"事件表"中插入新生成的事件。这种仿真过程不断重复进行，直到"事件表"变为空集为止。

在上述描述中，假设所有在施加的激励中定义的事件都已经在仿真开始之前插入到事件表中。然而，在实际情况中，仿真器可能会多次读取激励文件，并将原始输入线上的事件与生成的电路内部信号线上的事件进行合并。这种合并操作是为了确保仿真的准确性和完整性。

除了更新信号值的事件之外，事件驱动仿真还能够处理另一类称为"控制事件"的事件。这类事件为仿真器提供了一种在确定的时刻方便开始多种操作行为的方法。控制事件可以执行各种行为，如显示某些信号线的值或检查特定信号线的值。此外，控制事件还可以在必要时停止仿真，终止整个仿真过程。

在实际应用中，图 3-7 所示的事件驱动仿真具有多种形式，其中的差异主要源于电路中元件延迟模型的不同。这些延迟模型在权衡仿真方法的精度与复杂性方面扮演着关键角色。因此，在接下来的讨论中，将探讨在事件驱动仿真中如何计算元件的输出值、各种元件的延迟模型以及冒险检测。

3.3 元件延迟与冒险检测

本节讨论影响事件驱动仿真的一些关键因素，即元件输出值的计算、元件的延迟模型、冒险检测等。

3.3.1 元件输出值的计算

为了简化操作，将元件输出值的计算简称为元件定值。对于组合元件而言，其定值是在给定输入值的情况下计算其输出值；而对于时序元件，其定值则是基于其当前状态计算其下一个状态。元件定值的计算涉及多个因素，包括但不限于仿真中采用的逻辑系统、存储逻辑值的方式、元件的类型，以及模型化元件的方法。

在对组合元件进行元件定值时，获取输入值是一个至关重要的步骤。这个过程涉及从电路中提取必要的输入信息，以便进行后续的计算和处理。在这个过程中，有几个关键问题需要考虑。第一，需要确定组合元件的输入是如何定义的。在电路设计中，每个组合元件都会有一组输入端口，这些输入端口负责接收来自其他元件或信号源的输入信号。这些输入信号可能是离散的数字信号，也可能是连续的模拟信号，具体取决于电路的设计和工作原理。第二，需要确定如何从电路中获取这些输入值。在实际仿真中，可能需要对电路进行建模并进行抽象，以便有效地提取输入值。这可能涉及对电路进行分析、解析或模拟，以获取电路中各个元件的状态和信号传输情况。这里可分如下两种情形。

① 当需要从一个表中获取输入值时，首先需要确定的是输入信号线，这意味着需要了解电路的结构和连接方式，以便确定哪些信号线与组合元件 C 的输入相关联。一旦确定了输入信号线，就可以从表中找到并获取组合元件 C 的输入信号线的值。

② 采用一个连续的存储区域来存储元件 C 的输入值是一种常见的方法。虽然这种方法可能会造成存储空间的浪费，特别是当一个信号线有多个扇出分支时，需要为每个扇出分支存储相同的信号线值。然而，这种方法具有运行速度快的优点，因为它可以直接存取需要的值，而不需要进行额外的计算或搜索。在实际应用中，需要综合考虑存储空间和运行速度之间的权衡，以选择最合适的存储方案。

在下面的讨论中，假设组合元件的输入值采用了上文提到的第二种情形，即采用存储区域来存储。类似地，对于时序元件的状态变量的值也采用了类似的方法。

1. 真值表

设一个元件的输入数和状态变量数之和为 n。假定只使用二值逻辑，则元件的真值表有 2^n 项。把这 2^n 项存储在一个矩阵 V 中。可以把矩阵 V 的元素看成是由多个矢量组成的，每个矢量中包括元件的输出和状态变量的值。

为了对元件定值，把元件的输入值和状态变量的值作为一个整体存储到同一个字中，在元件定值时使用该字的值。可以用"i"作为下标去获取存储在 $V[i]$ 中的元件输出值和状态变量的值。

可以把如上二值逻辑的真值表推广到多值逻辑。对值逻辑的情况，电路中的信号线可以取 $0,1,\cdots,(k-1)$ 中的任何一个值。若用二值 $\{0,1\}$ 对这 k 个值进行编码，假定所需要的位数是 q。这时 q 就是满足 $k \leqslant 2^q$ 的最小整数。例如，对三值逻辑，可以用长度为两位的二值编码来表示三值逻辑中的 0、1、2 这 3 个值。例如，用 00、01 和 10 分别表示 0、1、2。

这样，对一个具有 n 个 k 值变量的逻辑函数，存储它的真值表所需要的矩阵的维数是 2^{qn}。例如，若一个元件有 5 个二值变量，则真值表有 $2^5 = 32$ 项；对三值逻辑，则有 $3^5 = 243$ 项，这时存储这些项的矩阵的维数是 $2^{10} = 1\,024$。

采用真值表进行元件定值是一种运行速度快的方法。通过真值表，可以在一次计算中直接确定组合元件的输出值，而不需要进行额外的逻辑运算或搜索过程。这种方法在处理具有较少输入的元件时尤为适合，因为它可以快速生成输出结果。然而，随着元件输入数和状态变量数的增加，真值表对存储空间的要求会呈指数增长，这限制了其在处理复杂电路时的应用范围。

在元件定值的过程中，可以采用一种折中的方法，通过在元件真值表的表示中引入一个标志位来说明变量是二值的还是多值的。这种方法可以在运行速度和存储空间要求方面取得一种平衡。如果所有逻辑值都是二值的，那么可以直接使用存取真值表的方式来进行元件定值，否则，就需要调用一个特定的处理多值逻辑的程序。由于仅对二值的情况定义了真值表，因此这种方法所需的内存较少。

2. 扩展的真值表

在使用真值表进行元件定值时，确实需要根据待定值元件的类型来确定需要存取的是哪种类型的真值表。这一过程涉及两个关键步骤：类型检查和对真值表的存取。然而，这两个步骤可以合并成一个单独的步骤，从而简化元件定值的流程。设 t 是类型数，S 是最大真值表的规模。建立一个规模为

tS 的扩展真值表，用它来存储 t 个不同的真值表。每个真值表的存储地址依次为：$0, S, \cdots, (t-1)S$。为了方便对元件的定值，通常会为每种元件指定一个类型代码，这样可以更有效地进行元件定值和管理。这种类型代码的范围通常是 $0 \sim t-1$，其中 t 是元件的总类型数。通过为每种元件分配一个类型代码，可以方便地对不同类型的元件进行区分和识别，从而简化了元件定值的流程。如图 3-8 所示。

这种类型的扩展真值表是使得 k 步决策降低到一步（单步）决策的加速方法中的一种。

图 3-8　扩展的真值表

假定每一个决策步 i 是基于一个可以取 m_i 个值的变量工。若事先知道所有 x_i 的值，则可以将它们组合成一个新变量 $x_1 \times x_2 \times \cdots \times x_k$，这种变量可以取 $m_1 \times m_2 \times m_3 \times \cdots \times m_k$ 种值中的任一种。用这种方法，可以同时检查 k 个变量，并且使得决策步骤降低到一步。

3. 门的输入控制值

在大多数仿真系统中，基本元件通常包括与门（AND）、或门（OR）、非门（NOT）等逻辑门。这些门在电路设计和仿真中扮演着至关重要的角色，能够实现不同的逻辑功能。这些门可以由两种控制参数，即输入值和门的控制值来表征。

对于与门（AND）、或门（OR）、非门（NOT）等基本门，它们的控制参数通常包括输入值和门的控制值。输入值是指门的输入端口连接的信号，它们可以是逻辑高电平（通常表示为 1）或逻辑低电平（通常表示为 0）。而门的控制值则是一个输入的值，如果它的值确定了门的输出值，那么它就是可控制的。

如果一个输入的值能够决定门的输出值，而不受其他输入值的影响，那么这个输入就是可控制的。这意味着即使其他输入值发生变化，只要可控制输入的值保持不变，门的输出值也将保持不变。这种情况下，门的输出值可以表示为一个关于可控制输入的函数，即输出值 $=f$（可控制输入）。

考虑一个与门（AND）电路，它有两个输入 A 和 B，以及一个输出 Y。

如果设定输入 A 的值为 1，输入 B 的值为 0，并且将输入 A 设定为可控制输入，那么无论输入 B 的值如何变化，只要输入 A 的值保持不变，门的输出 Y 都将为 0。因此，输入 A 就是可控制的，因为它的值可以单独决定门的输出值。

在仿真系统中，理解和利用门的控制参数和可控制输入的概念对于准确模拟电路的行为至关重要。通过确定门的控制值和可控制输入，可以有效地确定门的输出值，从而实现对电路的精确仿真。这种方法不仅能够减少计算开销，提高仿真的效率，还能够提高仿真的准确性和可靠性。

3.3.2 延迟模型

在电路仿真中，考虑到信号传输过程中的延迟是至关重要的，每个元件在处理输入信号时都会引入一定程度的延迟，这个延迟模型的选取直接影响仿真算法的性能。因此，正确选择延迟模型对于准确模拟电路的行为至关重要。

1. 门延迟

在数字电路设计中，门的行为模型化是至关重要的。这不仅涉及门的功能，还包括对门所引起的延迟进行准确的建模。通过将门的功能和时序分开来进行建模，可以更好地理解信号在电路中的传播方式，并为仿真和分析提供更准确的结果。

门延迟可以被视为从元件的输入端发生变化到输出端相应变化之间的时间间隔。下面用 d 来表示它。

在电路的仿真中，为了简化仿真算法和降低计算复杂度，通常会将延迟的值取为整数，这样可以方便地处理时间单位。一种常见的方法是取常用时间单位的倍数，以便更容易地表示和计算延迟。例如，如果在一个电路中有多个门，每个门的延迟分别为 18 纳秒、12 纳秒和 36 纳秒，那么在仿真时可以选择一个合适的延迟时间单位，并将每个门的延迟简化为该时间单位的整数倍。

在数字电路的仿真和分析过程中，当电路中所有门的传输延迟相同时，可以采用一种称为单位延迟模型的简化模型。在这种模型中，每个门的延迟都被假设为一个固定的时间单位，这样就能够更加方便地进行仿真和分析，减小了复杂度和计算量。

对门延迟的计算，通常会涉及如下两个问题。

① 延迟是指从输入信号发生变化到输出信号相应变化之间的时间间隔。而输出结果的跳变则表示信号在输出端从逻辑 1 向逻辑 0 跳变，或者从逻辑 0 向逻辑 1 跳变的过程。

② 是否可以精确地获得延迟的值。

在实际数字电路设计中，存在一些器件，其延迟与输出结果的跳变无关。这意味着无论输出信号是从逻辑 0 跳变到逻辑 1，还是从逻辑 1 跳变到逻辑 0，这些器件的延迟都保持不变。对于这些器件，可以采用与跳变无关的延迟模型进行建模和分析，简化了设计过程并提高了设计的灵活性。然而，也存在一些器件，输出信号从逻辑 0 跳变到逻辑 1 和从逻辑 1 跳变到逻辑 0 所需要的时间延迟存在明显差异的情况。在仿真时为了体现这一点，对每个门可以定义上升延迟和下降延迟，分别用 d_r 和 d_f 表示。根据不同器件的特性和工作原理，延迟模型可以分为与跳变无关和与跳变有关两种类型。图 3-9（a）和图 3-9（b）分别展示了这两种延时模型的区别，这有助于更好地理解电路中的时序特性以及不同模型之间的差异。

对第二个问题，一个门的精确的传输延迟一般是未知的，很难获得。电路生产厂家一般只能给出所生产元件的延迟变化范围。在电路仿真时为了处理这种情况，可以对每个门的延迟引入奇异区间的概念，该区间由最小延迟（d_m）和最大延迟（d_M）来定义，即（d_m, d_M），这种模型称为奇异延迟模型。图 3-9（c）就是这种情形的一个例子，区间 R_1 和 R_2 的值是未知的、可变的。

同样也可以把上升和下降延迟模型与奇异延迟模型结合，分别构成上升和下降延迟的奇异区间模型（d_{rm}, d_{rM}）和（d_{fm}, d_{fM}）。

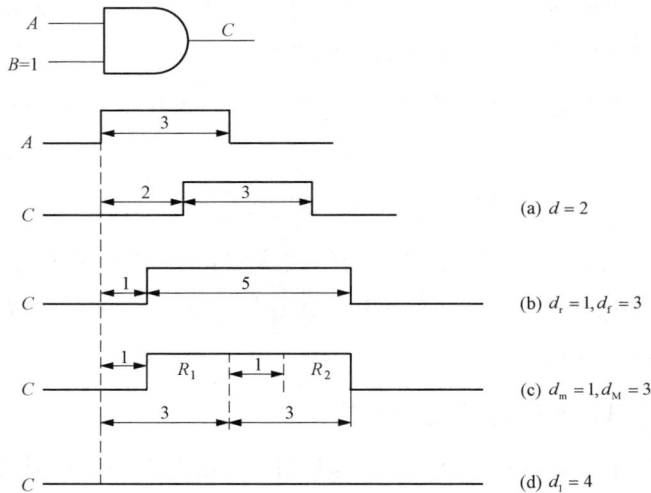

图 3-9 门的延迟模型

对门的延迟，除了上面的传输延迟之外，另一种是惯性延迟。

在数字电路中，改变电路状态需要施加能量，而信号的能量取决于其振幅和宽度。然而，当涉及门的输入信号时，存在一个重要的概念，即输入惯性延迟，这个概念指的是能够使门的输出端得到响应的最小信号宽度。换句话说，输入信号必须具有足够的宽度才能在门的输入端引起响应。惯性延迟用 d_1 来表示。

当一个输入信号的宽度小于 d_1 时，它将被门滤掉，如果宽度大于或等于 d_1 时，则它通过门的传播是由门的传输延迟来决定的。

图 3-9（a）至图 3-9（d）所展示的不同类型的延迟模型对于理解和分析电路的时序特性至关重要。这些模型涵盖了常规的传输延迟、上升和下降延迟、奇异延迟、惯性延迟等多种模型，每种模型都具有不同的特点和适用场景，对于设计和分析电路起着重要的作用。图 3-9（a）所示的传输延迟模型考虑了信号从输入端到输出端的传输时间，通常被用于描述普通逻辑门的延迟特性。在这种模型中，延迟是一个单一的值，表示信号从输入到输出的传输时间，可以用于简化电路的分析和设计。图 3-9（b）展示了这种模型，其

中上升延迟和下降延迟分别表示了信号的上升沿和下降沿在电路中的传播时间。通过考虑上升和下降延迟，可以更准确地预测电路的时序行为，并对电路的性能进行优化。图 3-9（c）所示的奇异延迟模型可以帮助设计工程师更好地理解电路的不稳定性和异常情况，并采取相应的措施进行处理和优化。图 3-9（d）展示了这种模型，其中惯性延迟表示了能够使门的输出端得到响应的最小信号宽度。通过考虑惯性延迟，可以确保输入信号的宽度能够满足门的输入要求，从而保证电路的正常工作。

惯性延迟也与门的输出有关。这种输出惯性延迟指定了门输出不能生成一个宽度小于 d_1 的脉冲。一个输出脉冲可以由一个输入脉冲引起，这时可以得到与在输入惯性延迟时相同的结果，输出脉冲也可以由临近的输入跳变引起。

2. 功能元件的延迟

功能元件的逻辑和时序特性比门要复杂得多。例如，在图 3-10 中，描述了一个具有异步集 S 和复位集 R 的触发器。符号↑代表一次 0 到 1 的变迁。$d_{I/O}$ 表示当输入 I 变化时输出响应 O 的延迟。若 $d_{I/O}$ 有上标 r 或 f 则表示上升和下降延迟。比如在图 3-10 中表的第三行说明：如果初始状态 q=1 且 S 和 R 都为 1，在延迟 $d_{C/Q}^f$ 之后，时钟 C 的一次 0 到 1 的变迁，会引起输出 Q 变为 D 的值 0；类似地，在延迟 $d_{C/QN}^r$ 之后，输出 QN 变为 1。图 3-10 中表的最后一行说明了对不合逻辑的输入条件 SR＝00 将引起两个输出 Q 和 QN 变为 u。

与门的输入惯性延迟类似，为了改变触发器的状态，可以为图 3-10 中的 C、S 和 R 指定最小脉冲带宽。

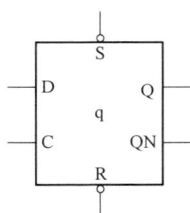

q	S	R	C	D	Q	QN	延迟	
0	0	1	x	x	1	0	$d_{S/Q}$=4	$d_{S/QN}$=3
1	1	0	x	x	0	1	$d_{R/Q}$=3	$d_{R/QN}$=4
1	1	1	↑	0	0	1	$d_{C/Q}$=8	$d_{C/QN}$=6
0	1	1	↑	1	1	0	$d_{C/Q}$=6	$d_{C/QN}$=8
x	0	0	x	x	u	u		

图 3-10 触发器的 I/O 延迟

3. 信号线引起的延迟

在高速电路中，信号传播延迟的重要性主要源于两个方面。第一，信号在信号线上传播所需的时间会直接影响电路的响应速度和时序特性。随着信号线长度的增加，信号传播延迟也会相应增加，从而导致电路的总延迟增加。降低电路的工作频率或增加信号的传播时间，这可能会影响电路的性能。因此，在高速电路设计中，必须考虑信号线的长度和传播延迟，以确保电路能够满足时序要求和性能指标。第二，信号传播延迟还会影响电路的时序分析和优化过程。由于信号传播延迟与线的长度有关，因此必须在对电路进行布线之后才能准确确定这种延迟的大小。在布线之前，设计工程师通常只能估算信号传播延迟，并在设计中留出一定的余量来应对延迟变化可能带来的影响。一旦布线完成，可以通过实际测量或仿真来确定信号传播延迟的准确值，并相应地对电路进行调整和优化。

对一个信号线 i，若它只有唯一的一个扇出，这时由它所引入的延迟与生成信号线 i 的门（即把 i 作为输出的门）的延迟相似。

当信号线 i 有多个扇出时，每一个扇出分支可以有不同的传输延迟。在模型化这些延迟时，经常在电路的合适位置插入延迟元件。每一个延迟元件实现的功能是输入与输出的恒等，其目的是延迟信号的传播。例如，在图 3-11 中，插入了两个延迟元件 D1 和 D2。

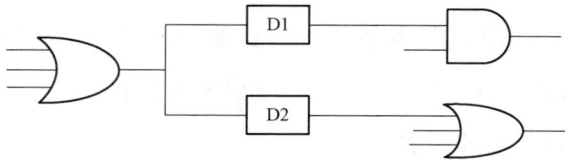

图 3-11　信号线引起的延迟

4. 其他延迟

除了前面讨论的各种延迟类型，建立延迟模型时还需要考虑到信号线的负载情况。这是因为门电路的延迟通常会随着门输出线的扇出分支数的增加而增大。

对 RTL 的延迟模型，已在第 2 章中做了讨论。由于 RTL 提供了电路系统的抽象表示，因此所针对的延迟模型更为宏观。

3.3.3　冒险检测

冒险分为静态冒险和动态冒险。

1. 静态冒险

静态冒险是在信号值保持不变的过程中出现的毛刺，下面举一个例子。

对二输入的 AND 门，设它的输入分别为 A 和 B，输出为 C。它的冒险情况如图 3-12 所示。

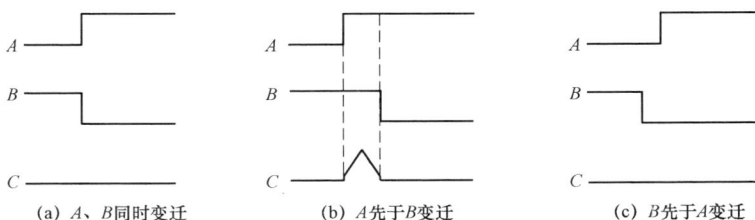

(a) A、B 同时变迁　　　(b) A 先于 B 变迁　　　(c) B 先于 A 变迁

图 3-12　与门的静态冒险

当其输入端 A 有 0 到 1 的变迁，B 有 1 到 0 的变迁，理想状态门的输出值保持为 0，如图 3-12（a）所示。但由于参数分布性，A 的变迁和 B 的变迁不可能绝对在同一时刻。若 A 的变迁先于 B 的变迁，则在瞬间出现两个输入端同时为 1 的情况，于是输出端在瞬间出现正尖峰脉冲，如图 3-13（b）所示。若 B 的变迁先于 A 的变迁，则不会出现尖峰脉冲，如图 3-13（c）所示。

为了检测冒险，电路仿真器必须分析信号的这种短暂行为。设 $S(t)$ 和 $S(t+1)$ 是信号 S 在两个相继的时间单元上的值。如果 $S(t)$ 和 $S(t+1)$ 不相等，则信号 S 在实际电路中发生变化的确切时刻是不能确定的。为了说明这种情况，引入一个"伪时间单元"——t'，t' 位于 t 和 $t+1$ 之间，在 t' 时信号 S 的值是未知的，设它的值为 u，即 $S(t')=u$。u 的值属于集合 $\{0,1\}$，$u \in \{0,1\}$。

于是序列 $S(t)S(t')S(t+1)=0u1$ 表示序列 001 和 011 中的一个。这两个序列所代表的含义可以各自解释为"慢的"和"快的" 0 到 1 的变迁。

对图 3-12 中与门的情况，对应的输入序列是 $A = 0u1$ 和 $B = 1u0$。由于对两个 u 作为变量来进行 AND 操作的结果仍为 u，因此对应的输出序列 $C = 0u0$。表示在两个稳态中间有可能出现 1（序列 010），也有可能保持 0（序列 000）。正好说明了图 3-12（b）和图 3-12（c）两种情况。这样可以表示出不希望的脉冲（序列 010），从而可以检测它。

检测组合电路 M 中静态冒险的一般过程如下。

假定对电路 M 在时间 t 已进行了仿真，现在对它在时间 $t+1$ 进行仿真。令 E 是在 t 和 $t+1$ 之间输入改变的集合。整个过程分为如下两步。

过程 1

步骤 1 把 E 中每一个输入的值设置为 u，并对电路 M 仿真。对其他的输入仍保持它们原来的值。

步骤 2 把 E 中每一个输入的值设置为原来的值，并对电路 M 仿真。

设 Z 是组合电路中的一个信号线，在 t 和 $t+1$ 时刻之间线 Z 存在静态冒险的充要条件是：由过程 1 所获得的序列 $S(t)S(t')S(t+1)$ 的值是 $0u0$ 或 $1u1$。

由前面的讨论容易得出序列 $0u0$ 或 $1u1$ 是存在静态冒险的一种充分条件。为了说明它也是必要条件，需要使用如下两个事实，它们可以由基本门的三值真值表来推出。

① 如果一个或更多的门输入从二元值（0 或 1）变为 u，则门的输出或者保持不变或者从二元值变为 u。

② 如果一个或更多的门输入从 u 变为二元值，则门的输出或者保持不变或者从 u 变为二元值。

因此，任何门若在时刻 t' 的值不是 u，则它在时刻 $t, t', t+1$ 的值是相同的，从而不可能有冒险存在。

由于过程 1 忽略了电路中的延迟，它采用了最坏情况下的分析方法，因此其结果与延迟模型无关。这使得过程 1 适用于任意延迟模型。

考虑延迟模型不同对冒险检测带来的影响，可以从图 3-12（a）中的电路出发。假设输入序列为 $A = 010$。在 0 延迟模型下，根据电路的静态行为，可以推导出 $B = 101$，$C = 000$。在这种情况下，没有冒险发生。这是因为 0 延迟模型仅考虑了电路的静态行为，而忽略了电路的动态行为。虽然在这个例子中没有冒险发生，但当考虑其他延迟模型时，情况可能会有所不同。

考虑单位延迟模型，探讨信号序列为 $B = 1101$ 和 $C = 0010$ 的情况。在这种情况下，对于输入序列 A 从 0 到 1 的变迁，将会产生一个脉冲。单位延迟模型假设所有门的延迟都是单位延迟，即每个门的传输延迟都为 1 个时间单位。在这种模型下，门的输出信号在输入信号变化后立即产生响应，而不考虑任何延迟。

对任意的延迟模型，由过程 1 获得的信号序列是 $A = 0u1u0$，$B = 1u0u1$ 和 $C = 0u0u0$。在考虑输入序列从 0 到 1 变迁和从 1 到 0 变迁时，发现在单位延迟模型下都可能会产生冒险。这一结论十分悲观，因为它意味着无论是输入序列从 0 到 1 还是从 1 到 0 的变迁，都存在冒险的可能性。这种悲观的结果源于单位延迟模型的特性，即门的输出信号立即响应输入信号的变化，而不考虑任何延迟。在这种情况下，即使是在通过反相器的路径或直接从 A 到 C 的路径中有最大的延迟，也存在冒险的可能性。这是因为无论哪一条路径具有最大的延迟，且在任何延迟模型下，都无法确切地知道哪一条路径具有最大的延迟。因此，对于输入序列的任何变迁，都存在冒险的可能性。

2. 动态冒险

动态冒险是指在信号从 1 到 0 或从 0 到 1 的变迁期间所发生的短暂脉冲，如图 3-13 所示。在数字电路设计中，动态冒险是一个重要的概念，因为它可能导致电路的不稳定性和错误操作。图 3-13（a）和图 3-13（b）分别展示了在 1 到 0 信号变迁和 0 到 1 信号变迁期间所发生的短暂脉冲，即动态冒险。

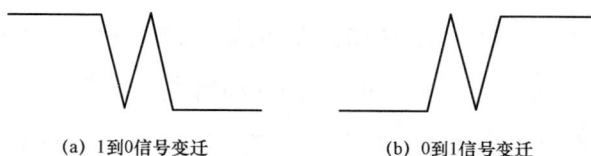

(a) 1到0信号变迁　　　　　　　　(b) 0到1信号变迁

图 3-13　动态冒险

对动态冒险的分析需要 4 位序列。例如，序列 0101 描述信号在 0 到 1 变迁期间的一个脉冲。没有发生冒险的 0 到 1 变迁对应于集合 $\{0001, 0011, 0111\}$。

3. 异步电路的冒险分析

对异步电路的冒险分析，使用图 3-3 中的异步电路模型，并且延迟模型是任意一种。假定在时刻 t 电路中所有的值是已知的和稳定的。现在在时刻 $t+1$ 对电路施加一个新的矢量 $\boldsymbol{x}$。令 E 是在 t 和 $t+1$ 之间值改变的原始输入集合。

过程 2

步骤 1　设置 E 中每一个输入的值为 u，并对电路 M 进行仿真。对每一个值变为 u 的反馈线 Y_i，设置它对应的状态变量 y_i 为 u，并对电路 M 重新仿真。重复进行，直到不再有反馈线 Y_i 的值变为 u。

步骤 2　在 $t+1$ 时，设置 E 中每一个输入为它原来的值，并对电路 M 仿真。对每一个值变为二元值 b_i 的反馈线 Y_i，设置它对应的状态变量 y_i 为 b_i，并对电路 M 重新仿真。重复进行，直到不再有反馈线 Y_i 的值变为二元值。

在过程 2 中，显然 $b_i \in \{0,1\}$。从过程 2 的实现步骤，不难得到如下三点结论。

① 如果用过程 2 对反馈线 Y_i 进行计算所获得 Y_i 的最终值是二元值，则不管电路中的延迟如何，反馈线 Y_i 均稳定在这种由给定的输入变迁所决定的状态。

② 如果由过程 2 对 Y_i 进行计算所获得 Y_i 的最终值是 u，则给定的输入变迁可能引起冒险或振荡。

③ 过程 2 的使用中，一个重要的假定是电路在基本模式下操作，并且

只有在电路的状态稳定时才会施加激励。这个假定是为了简化仿真过程，特别是在对静态电路进行分析时。然而，这个假定并不适用于对实时输入进行仿真的情况。

过程 2 不要求确定反馈线，它可以和事件驱动的仿真过程一起运行：传播发生在 t 和 t' 之间的变化直到信号值稳定，然后对 t 和 t' 之间的变化类似处理在每次进行电路仿真时，确保经过的值都满足稳定性条件是非常重要的。无论采用何种延迟模型，元件的定值顺序都不会对最终结果产生影响。值得特别注意的是，在执行步骤 1 时，对于任何一个当前值为 u 的元件都不需要重新定值；同样，在步骤 2 中，对于任何一个当前值为 u 的元件也不需要重新定值。

3.4　门级事件驱动仿真

本节对图 3-7 中的仿真算法进行具体化，在门级仿真以及使用与变迁无关的传输延迟模型的条件下进行探讨。这两种具体化的方法将有助于更深入地理解电路的行为，并在实际应用中提供有效的仿真工具。

定义事件表，如图 3-14 所示。

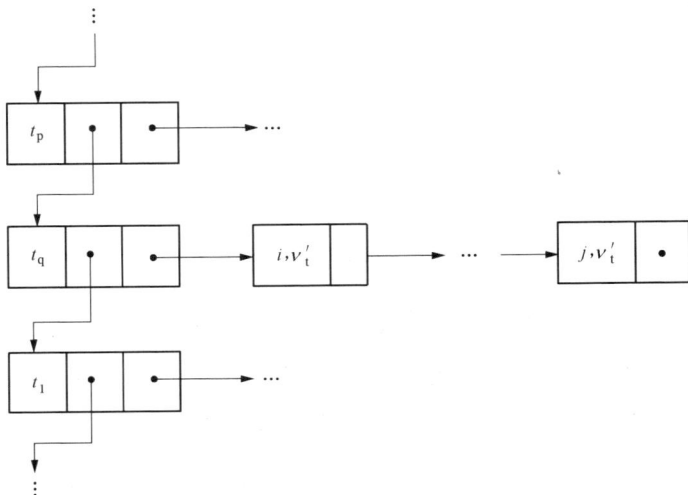

图 3-14　事件表

事件表由多个单链表组成。每个单链表的表头节点有 3 个域：时间域；指向下一个单链表的表头节点的指针；指向本单链表的下一个节点。用时间域的值例如 t_p、t_q、t_r 等来说明在相应的时刻所发生的事件。把在将来同一时刻发生的所有事件安排在同一个单链表中。在时间域为 t_q 的单链表中，除表头之外的其他节点由两个域 i 和 v'_i 组成，其含义是在时刻 t_q 将信号线 i 设置到值 v'_i。

所有的单链表是按时间的先后顺序（例如 $t_p < t_q < t_r$）通过表头节点进行链接的。

在深入探讨门级事件驱动仿真时，理解事件表的核心结构及其管理是至关重要的。事件表的独特设计由多个单链表组成，每个链表代表特定时刻将要发生的所有事件，构成了仿真过程的基础。这种组织方式使得仿真器能够以非常高效和有序的方式处理事件，确保了按照实际时间顺序对电路状态的更新。事件表的管理，特别是如何添加、检索和删除事件，是优化仿真效率的关键。

门级事件驱动仿真的一个显著特点是其对事件的处理方式。仿真器在仿真开始时首先关注最早发生的事件，这通常是位于事件表最前端的单链表中的事件。通过遍历该链表，仿真器可以逐一处理所有预定在该时刻发生的事件，每个事件根据其类型对电路的状态造成相应的影响。这种处理方式不仅保证了事件按照正确的时间顺序被处理，而且通过仅关注状态变化的事件，大大减少了仿真过程中需要考虑的电路部分，从而提高了仿真速度。

在使用与变迁无关的传输延迟模型中，仿真的一个关键假设是信号的传播延迟是固定的，不受电路前一状态的影响。这种假设简化了仿真过程，因为每个事件的处理不需要考虑电路的复杂动态行为。虽然这种方法降低了仿真的复杂度，但它也要求设计者理解这种简化可能对仿真精度产生的影响。特别是在对电路的时序要求十分严格的设计中，固定的传输延迟模型可能无法完全捕捉到电路的实际行为。

　　为了优化门级事件驱动仿真，仿真器的设计者必须考虑仿真过程中的各种因素，包括如何有效地管理事件表、如何处理事件以确保仿真精度，以及如何采用适当的模型来平衡仿真的速度和精度。通过对事件的精确管理和对电路状态变化的有效追踪，门级事件驱动仿真提供了一种强大的工具，使得电路设计者能够深入理解电路的行为，并在实际应用中进行有效的仿真。

第4章 数字电路高层次仿真及工具软件

数字电路的设计可以在多个层次进行描述和仿真。不同的描述层次对应着不同的仿真方法，每种方法都有其特定的优势和适用场景。本章将讨论数字系统的功能仿真，并介绍使用 VHDL 语言进行电路描述的高层次仿真方法。

4.1 功能仿真

功能仿真是数字电路设计中的重要环节，它通过从电路的描述中抽象出模型，并施加外部信号或数据，来模拟电路在不同输入条件下的行为。通过观察模型在外部激励信号作用下的输出响应，可以判断电路是否实现了预期的功能。

4.1.1 功能仿真的类型

从仿真的抽象层次来看，功能仿真可以分为基于事件的仿真、基于时钟周期的仿真和基于对象转换的仿真三种主要类型。

基于事件的仿真是一种重要的仿真方法，这种仿真器将输入激励的变化视为事件的触发，每次事件触发都会导致整个电路的重新计算，直到仿真稳定状态出现为止。相比其他仿真方法，基于事件的仿真器更加灵活，能够准确地模拟电路中的功能和时序行为。在这种仿真环境下，即使输入信号在一个时钟周期内到达，但不同输入信号到达的时间不同，仿真器也能够在一个时钟周期内进行多次计算，确保仿真结果的准确性和稳定性。

与基于事件的仿真相比，基于时钟周期的仿真在仿真过程中没有时间的概念，而是通过时钟信号的上升沿或下降沿来触发仿真。在每个时钟周期内，仿真器对电路进行一次计算，以模拟电路的行为。虽然基于时钟周期的仿真技术可以提高仿真速度，但是它只适用于同步设计的电路仿真，而对于异步电路可能会产生错误的仿真结果。

基于对象转换的仿真技术是一种先进的数字电路仿真方法，它在仿真过程中使用数据包、图形、语音等对象作为直接的仿真激励，而不再是添加到电路设计引脚的激励波形。相比传统的仿真方法，基于对象转换的仿真技术提供了更高的抽象层次，通过总线功能模型实现仿真激励到电路设计引脚激励波形的转换接口。这种技术的实现依赖于设计的对外接口协议，通常使用 HDL 语言或 C 语言进行行为级描述。总线功能模型在基于对象转换的仿真技术中扮演着至关重要的角色。它不仅提供了仿真激励到电路设计引脚激励波形的转换接口，还实现了仿真过程中的抽象和模块化。通过总线功能模型，仿真器能够将各种对象转换为适合电路设计的激励波形，并将其应用于电路的输入端口，以模拟真实的工作环境和应用场景。这种仿真方法极大地提高了仿真工作的效率和精度，尤其适用于大规模集成电路的仿真。

近年来，随着科技的不断发展，仿真技术在软件与硬件领域取得了突破性进展。其中，软件、硬件协同仿真和硬件加速仿真工具成为备受瞩目的技术。软件、硬件协同仿真的出现，为验证系统芯片或应用于嵌入式系统的电路设计提供了全新的解决方案。传统的嵌入式系统设计往往面临着硬件和软件开发相对独立的挑战。在这种情况下，只有在硬件完成之后，软件和硬件才能结合起来进行系统验证。然而，软件、硬件协同仿真的出现改变了这一局面。它提供了一个集成的软件环境，使设计人员能够在同一个环境下进行硬件的寄存器传输级 RTL 设计和嵌入式软件的同步调试。这意味着软件设计人员可以在较早的阶段直接调试硬件设计，而硬件设计人员也可以更早地获得更真实的输入激励。软件、硬件协同仿真的实质在于在一个 CPU 上运行嵌入式 CPU 的硬件模型，从而实现仿真嵌入式软件直接在嵌入式 CPU 上运行的目的。

硬件加速仿真工具包括商用的硬件加速器和全定制的原型验证系统两大类。

商用的硬件加速器通常采用了多种先进技术，其中包括 FPGA 阵列、高速的处理器阵列，以及相应的系统软件。这些加速器的设计着眼于提供高效的仿真解决方案，其设计使得被验证的目标电路设计及其测试环境能够通过 HDL 语言编程用 FPGA 阵列实现。通过这种方式，硬件加速器能够显著地提高仿真速度，有时甚至可以直接将测试环境放到电路目标设计最终应用的系统环境中进行测试。在商用硬件加速器中，FPGA 扮演着至关重要的角色。FPGA 是一种可编程的逻辑器件，其灵活性使其成为硬件加速仿真的理想选择。设计人员可以使用 HDL 语言编程来描述目标电路设计及测试环境，然后将其加载到 FPGA 中进行仿真。由于 FPGA 的并行计算能力和快速重配置特性，硬件加速仿真速度得到大幅提升。此外，商用硬件加速器通常还配备了高速处理器阵列和专门设计的系统软件，以进一步优化仿真性能。

全定制的原型验证系统是另一类硬件加速仿真工具，其中最常见的是 FPGA 验证。在这种系统中，目标电路设计首先在 FPGA 上实现，并且被放置到应用系统环境中进行测试。与商用硬件加速器不同，全定制的原型验证系统更加注重对目标电路设计的全面验证，通常会将其放置到实际的应用系统环境中进行测试，以保证其性能和稳定性。硬件加速仿真工具的一个显著特点是其快速的仿真速度。由于采用了先进的硬件技术，这些工具能够以极高的速度对目标电路设计进行仿真，从而加速整个验证过程。此外，硬件加速仿真工具还提供了真实的硬件环境，使得软件调试变得更加容易和高效。通过在仿真环境中与真实硬件交互，设计人员可以更好地理解系统的行为，并及时发现和解决问题。

4.1.2　功能仿真的途径

功能的仿真与验证是电路设计过程中至关重要的一环，其目的在于验证电路设计是否满足设计规约的要求。在进行功能仿真与验证时，需要建立一个完善的测试平台，对电路设计的各个方面进行全面的测试，包括数据和控制流的传递、初始化、关闭 I/O 设备等。在进行功能仿真与验证时，常采用的方法包括黑盒法、白盒法和灰盒法。这三种方法各具特点，能够在不同的情况下提供有效的验证手段。

（1）黑盒验证

黑盒法验证的示意图如图 4-1 所示。

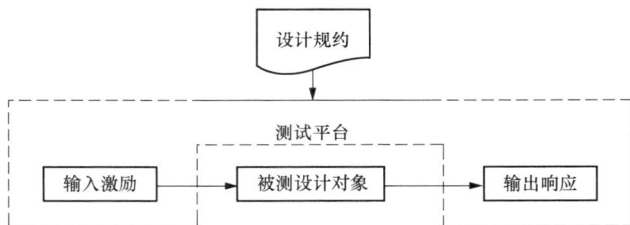

图 4-1　黑盒法验证的示意图

在电路设计中，黑盒法是一种常见的验证方法，它将设计对象视为一个黑盒子，只通过其对外接口进行验证，而不关心其内部实现细节。对于验证设计人员来说，不需要了解设计的内部结构和状态，而是专注于验证设计的功能是否符合规格要求。在黑盒法中，验证的内容完全通过设计的对外接口完成。这意味着测试人员只能通过输入一组测试向量，观察输出是否符合预期的结果来验证电路设计的功能是否正确。但是，黑盒法存在一些局限性，其中最主要的就是缺乏可控性和可观察性。由于黑盒法不涉及内部实现细节，因此很难将电路驱动到特定的状态组合或者隔离某些功能。这使得黑盒法难以进行针对性的测试，无法充分覆盖设计的各种情况，从而可能会导致忽略或遗漏某些潜在的问题。黑盒法也存在可观察性方面的问题。在黑盒法中，测试人员只能观察到设计的输出行为，而无法直接观察设计的内部状态。

因此，当仿真失败时，很难确定问题的具体原因，也就是说，很难确定是哪个部分的功能出现了问题。

黑盒验证能够确保设计对象对于给定的输入激励具有预期的功能。在黑盒验证中，测试输入激励是独立于设计对象的实现的，这为设计和验证的分离提供了便利，使得验证设计人员在不了解设计实现的情况下，可以从设计规约出发去检查设计，从而提高了验证的可信度。

（2）白盒验证

白盒验证侧重于对电路设计的内部结构和实现细节的清晰理解，同时能够对其进行完全的控制和观测。这种验证方式的好处在于它允许验证人员快速建立所需的电路状态，并且能够有效地隔离出特定的功能进行验证。通过白盒验证，能够轻松观察电路中每个部分对激励的响应情况，并且及时报告验证结果与预期结果之间的差异。白盒验证要求验证人员具备对设计内部结构和实现细节的清晰理解。这要求验证人员能够准确地确定验证过程中需要关注的关键点，并且能够针对性地设计验证方案。白盒验证允许对电路设计进行完全的控制和观测。这意味着验证人员可以自由操纵电路的输入，以达到所需的状态，并且能够全面观测电路在不同条件下的响应情况。通过这种控制和观测，验证人员能够深入分析电路的工作原理，找出其中的潜在问题，并及时进行调整和修正。白盒验证的一个重要优势在于能够快速建立所需的电路状态，并且能够有效地隔离出特定的功能进行验证。这意味着验证人员可以有针对性地验证电路的各个功能模块，而不需要考虑整个系统的复杂性。通过这种逐步验证的方式，验证人员能够有效降低验证的复杂度，并且能够及时发现和解决问题。

（3）灰盒验证

灰盒验证作为一种在了解设计细节的情况下采用黑盒验证的测试方法，承载了黑盒验证和白盒验证的双重优势，并且在一定程度上弥补了它们各自的不足之处。这种验证方法在保持验证效率和验证全面性的同时，具备良好的可移植性，为电路设计的验证提供了一种更为灵活和高效的选择。灰盒验证的核心理念在于以了解设计细节为基础，结合黑盒验证的特点进行测试用例的设计和验证。与黑盒验证相比，灰盒验证在调试效率和对电路特性的验证方面具有明显的优势。因为在灰盒验证中，验证人员可以根据对设计细节的了解，更加精准地设计测试用例，从而能够更有效地发现和解决问题。与此同时，灰盒验证又能够保留黑盒验证所具有的良好可移植性，这意味着验证人员可以将设计的验证方案应用到不同的环境和平台中，而无需进行过多的修改。在灰盒验证中，验证人员通常会通过设计对外接口、特殊引脚或性能寄存器、测试寄存器等输出结果来判断设计的正确性。这些输出结果能够有效地反映出电路设计在不同条件下的工作状态和性能表现，从而为验证人员提供了重要的参考信息。通过分析这些输出结果，验证人员能够全面地评估电路设计的可靠性和稳定性，并及时发现潜在的问题和缺陷。

功能验证的实现方法主要包括软件仿真和硬件加速两种方式。无论采用哪种方法，实现功能验证的主要任务都包括正确进行电路的行为级硬件语言描述、搭建测试环境，以及设计输入激励与响应分析。

4.2　高层次仿真

电路设计的描述可以在不同的级别上进行，每个级别都对应着特定的电路仿真方法。本节将以 VHDL 语言为例，讨论电路的高层次仿真。在高层次描述方法中，需要重点关注的有寄存器传输级描述和行为级描述这两种方法。

寄存器传输级描述是一种比逻辑结构描述更为抽象的描述方法。在这种描述中，基本的描述对象是寄存器，包括触发器、存储器、加法器、计数器等。这些元件的数据通常是由多个位组成的位串。寄存器传输级描述主要描述数据在这些元件中的传播过程、条件，以及状态之间的转换。通过这种描述，能够清晰地了解数据在电路中的流动和转换过程，从而进行有效的仿真和验证。

行为级描述是比寄存器传输级描述更为抽象的描述方法。在行为级描述中，不考虑具体的电路元件，而是使用一些抽象的信号和变量来描述电路的行为。这些信号和变量可以具有多种可能的数据结构，如二进制位串、枚举类型、记录类型。在行为级描述中，主要关注的是电路子系统的行为和动作，描述各种操作和流程。通过行为级描述，能够更直观地了解电路的功能和行为，从而进行更高效的仿真和验证。

VHDL 是一种广泛使用的硬件描述语言，覆盖了多个级别的描述方法。在 VHDL 中，可以使用不同的语法和结构来实现寄存器传输级描述和行为级描述。通过 VHDL，设计人员可以灵活地描述电路的各种特性和行为，便于进行仿真和验证。

在进行高层次仿真时，通常会将电路设计转换为相应的 VHDL 代码，并使用仿真器来进行仿真。在仿真过程中，可以根据需要选择不同的仿真级别。通过仿真器提供的功能，可以观察电路在不同条件下的行为和响应，从而评估电路的性能和正确性。

4.2.1 VHDL 语言的基本结构

VHDL 是一种功能强大的电路硬件描述语言，它在数字系统设计领域具有广泛的应用。VHDL 不仅可以被计算机阅读，也可以被人阅读，因此在硬件设计、验证、综合、测试等方面发挥着重要作用。其强大的语言结构、多层次的描述功能、良好的移植性，以及快速的 ASIC 转换能力使其备受青睐。

VHDL 的语言结构十分强大，具有丰富的语法和语义。它提供了丰富的数据类型、控制结构和操作符，能够灵活地描述复杂的电路逻辑和行为。通过 VHDL，设计人员可以清晰地描述电路的各种特性和功能，从而实现对电路设计的准确描述和分析。

VHDL 支持多层次的描述功能，能够实现从高层次到低层次的全面描述。设计人员可以在 VHDL 中使用不同的描述方法，以满足不同层次的设计需求。这种多层次的描述功能为设计人员提供了灵活性和便利性，使他们能够根据需要选择最合适的描述方法。

VHDL 具有良好的移植性，能够在不同的硬件平台上应用和实现。设计人员可以在不同的开发环境和平台上编写和仿真 VHDL 代码，而无需担心兼容性和移植性的问题。这使得 VHDL 成为一种广泛应用于各种硬件设计项目中的标准语言。

VHDL 具有快速的 ASIC 转换能力，能够将设计转换为 ASIC 芯片的物理布局和逻辑电路。ASIC 转换是 VHDL 的重要应用之一，通过 ASIC 转换，设计人员可以将电路设计转化为实际的硬件电路，并且在实际应用中进行验证和测试。这种快速的 ASIC 转换能力使得 VHDL 成为一种非常实用的硬件设计语言。

在描述数字系统时，VHDL 提供了一种前后一致的语义和语法，能够实现跨越多个描述层次和多个领域的混合描述。设计人员可以在 VHDL 中描述数字系统的整体结构和各个组件的功能，从而实现对数字系统的全面描述和分析。这种混合描述功能为设计人员提供了更为灵活和便利的设计方式，使得他们能够更加高效地进行电路设计和验证工作。

一个完整的 VHDL 语言程序通常包含五个主要部分，分别是实体说明、结构体、程序包、配置和库。每个部分都扮演着重要的角色，共同构成了一个完整的 VHDL 程序。

实体说明是 VHDL 程序的起点。在实体说明中，描述了系统的外部接口信号，即定义了输入和输出端口的属性和行为。实体说明定义了系统的接口和信号传输方式，为后续的结构体和配置提供了基础。通过实体说明，可以清楚地了解系统的输入输出端口，以及它们之间的连接关系。

结构体是 VHDL 程序的核心部分。在结构体中，描述了系统的行为、数据流程或组织结构形式。结构体包含了具体的逻辑设计和实现细节，定义了系统的功能和行为。通过结构体，可以清晰地了解到系统的内部结构和工作原理，从而进行仿真和验证。

程序包是 VHDL 程序的一个重要组成部分。它用于存放各个单元都能共享的数据类型、常量、子程序等共享定义。程序包的作用类似于其他编程语言中的头文件或模块，它提供了一种组织和管理代码的方式，可以使代码更加清晰和模块化。通过程序包，可以方便地共享和重用代码，提高代码的可维护性和可重用性。

配置是描述 VHDL 程序中各个组件之间连接关系的部分。配置描述了层与层之间、实体与结构体之间的连接关系。通过配置，可以将不同的组件组合起来，形成一个完整的系统，从而实现系统功能的实现和验证。

库是存放已编译的实体、结构体、包集合和配置的地方。库可以由用户生成，也可以由 ASIC 芯片制造商提供。库中包含了已编译的代码和配置信息，可以方便地被其他程序引用和使用。通过库，可以方便地管理和组织代码，提高代码的重用性和可维护性。

4.2.2　VHDL 仿真系统的结构

VHDL 仿真系统是数字系统设计中至关重要的一环，它为设计人员提供了一个全面、可靠的验证平台，以确保设计的正确性和可靠性。一个典型的 VHDL 仿真系统通常由设计的输入、语言的编译、仿真数据的生成、仿真、仿真结果的波形显示、功能较强的高级图形调试器等部分组成。以下内容将对这些部分进行详细介绍，并且结合图 4-2 展示一个 VHDL 集成仿真环境的示意图。

一般来说，设计输入可以通过文本编辑或可视化图文混合编辑器进行输入。这两种输入方式各有其特点和优势，可以根据设计人员的需求和偏好进行选择和应用。

通过文本编辑的方式，设计人员可以将设计意图或初步设计结果用 VHDL 语言的形式描述出来，形成 VHDL 文件。这种方式要求设计人员熟悉 VHDL 语言的语法和规范，以及系统的功能和要求，通过编写 VHDL 代码来实现对系统的描述和定义。文本编辑方式具有灵活性和精确性的优势，能够清晰地表达设计的细节和逻辑，适用于对系统进行深入和全面的描述。

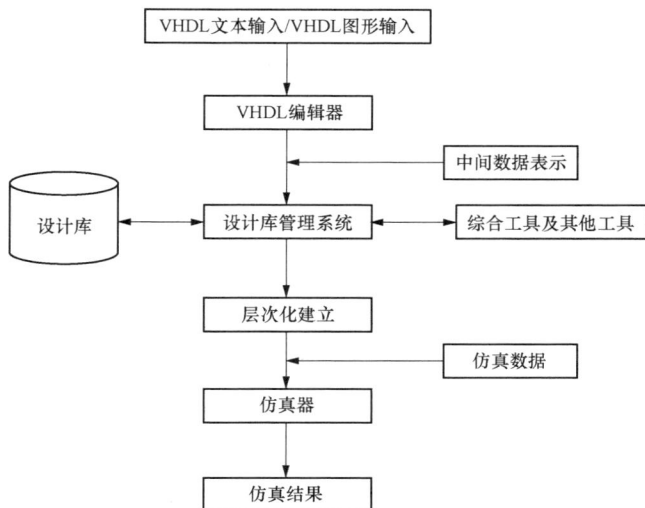

图 4-2　VHDL 集成仿真环境的示意图

可视化图文混合编辑器提供了多种设计输入方式，包括逻辑结构图、状态转换图、数据流图、真值表等输入手段。可视化图文混合编辑器为设计人员提供了直观的设计输入界面，使他们能够更加直观地理解和描述系统的功能和行为。通过图形方式输入的设计描述，可以使得设计人员更加方便地进行交互和调整，从而提高设计的效率和质量。这种图文混合编辑器还支持将图形和文本混合输入，用户可以根据需要灵活选择输入方式。各种图形输入方式以相应的内部图形数据格式保存设计描述，使得设计人员可以随时切换和修改输入方式，满足不同的设计需求和偏好。通过可视化图文混合编辑器进行设计输入，设计人员可以更加直观地表达设计意图和要求，提高了设计的可理解性和可视化程度。

在 VHDL 仿真系统中，用户输入的设计描述经过系统自动转换成 VHDL 语言文本，并建立 VHDL 源代码与内部图形数据的对应关系。这一过程为设计人员提供了便利和支持，使得他们能够更加方便地进行设计输入和调试。通过这种方式，当 VHDL 编译器发现设计描述语法错误时，系统可以准确地找出相应的图形输入错误；同时，在利用仿真器进行仿真时，如果发现设计描述的语义错误，也可以找出相应的图形描述错误。

VHDL 编译器的主要任务之一是对输入的 VHDL 源描述进行语法分析。在这个过程中，编译器会检查代码是否符合 VHDL 语言的规范，包括关键字的使用是否正确、语句的书写是否符合语法结构等。如果存在未关闭的语句块或者语句块的嵌套顺序不正确，编译器将会报告语法错误。除了语法检查外，VHDL 编译器还可以进行语义分析。语义分析是更深层次的检查，它确保代码的含义与设计者的意图一致。在语义分析过程中，编译器会检查变量的类型是否匹配、信号的赋值是否合法等。如果一个整数类型的变量被赋予了浮点数值，这将被视为语义错误。一旦通过了语法和语义检查，VHDL 编译器将源代码转换为中间数据格式。中间数据格式是 VHDL 源描述的一种内部表示形式，它能够保存完整的语义信息，包括变量、信号、实体、架构等。同时，为了方便后续的仿真和调试，中间数据格式还会保存一些额外的信息，如调试符号、波形信息。中间数据格式的生成标志着编译过程的成功完成，接下来，这些中间数据将被送入数据单元，并保存在设计库中。设计库是一个存储设计元素的数据库，它包括各种已经编译过的 VHDL 代码、库元素等。通过将中间数据保存在设计库中，设计者可以方便地进行后续的仿真、综合和验证。

设计库是数字电路设计中的一个重要组成部分，它承载着各种关键数据，包括图形输入方式对应的内部图形数据格式、VHDL 源描述编译器分析生成的中间数据格式、电路确立程序生成的电路描述信息，以及其他工具产生的设计阶段数据。设计者可以通过在 VHDL 源描述中使用 library 语句来打开相应的设计库，以便使用 use 语句引用库中的程序包数据和模块数据。在数字电路设计中，设计者可能会使用不同的图形编辑器来创建电路图，这些图形编辑器可能采用不同的数据格式来表示电路结构和元件连接。设计库负责存储这些内部图形数据格式，以便后续的处理和分析。

设计库还承载着由 VHDL 源描述编译器分析生成的中间数据格式。在 VHDL 编译过程中，编译器会将源代码转换为中间数据格式，其中包含了完整的语义信息和一些额外的调试信息。这些中间数据将被存储在设计库中，以备后续的仿真、综合和验证使用。电路确立程序生成的电路描述信息也被存储在设计库中。在数字电路设计的早期阶段，设计者可能会使用一些工具或程序来帮助确定电路的结构和功能。这些程序可能会生成电路描述信息，包括电路的逻辑结构、元件连接方式等，这些信息将被保存在设计库中，供后续设计和分析使用。

设计库还可以存储其他工具产生的设计阶段数据。综合工具可能会生成一些与电路综合相关的数据，如门级网表、时序约束，这些数据也会被保存在设计库中，以便后续的综合和优化。通过使用 library 语句打开设计库，并通过 use 语句引用其中的数据，设计者可以方便地在 VHDL 源描述中使用设计库中的程序包数据和模块数据。这种模块化的设计方法可以提高设计的复用性和可维护性，加快设计的开发速度，从而提高数字电路设计的效率和质量。

电路确立程序是数字电路设计流程中的重要环节，其任务是根据用户的配置描述从中间数据单元中提取所需的模块，并将它们组织成一个完整的电路系统内部模型，以供后续的仿真和综合等工具使用。在编译器的后期工作中，电路确立过程将各个独立、分别编译的电路模块连接起来，形成一个完整的、可用于仿真和综合的电路系统内部模型。在电路确立之后，形成的完整电路可以被送入仿真器进行仿真。VHDL 仿真器有不同的实现方法，其中两种主要方式如下。

（1）解释型仿真

电子系统采用结构描述风格，内部以层次化结构模型呈现静态数据结构。系统由多个模块组成，可嵌套形成树形结构。每个基本模块都是纯行为模型。必要的预处理工作是将各模块根据配置指定组合成完整电路描述。仿真时，对数据进行分析、解释和执行，这种仿真方式被称为解释型仿真。其结构如图 4-3 所示。

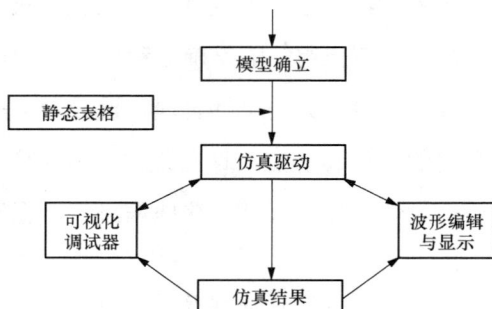

图 4-3　带调试功能的解释型仿真器子系统的结构

解释型仿真是一种保持电路描述原有信息的仿真方式，其特点在于能够创建交互式、带调试功能的仿真系统。这种仿真方式为用户提供了便利，使其能够检查、调试和修改原始描述。解释型仿真的优势在于适用于多种场景，有助于设计者快速检查和修正设计思路。通过与仿真系统的交互，设计者可以直观地了解电路行为，发现潜在问题并作出调整，从而改进设计。解释型仿真也适用于探索不同的设计方案。设计者可以通过修改原始描述来比较不同设计方案的性能，从而选择最优方案。这种灵活性使得解释型仿真成为设计过程中的有力工具。解释型仿真还具有直观、灵活的结果显示功能和统计功能。通过仿真系统提供的结果显示，用户可以清晰地观察电路的行为和性能。这种直观的展示方式有助于设计者深入理解电路的工作原理，并从中获取有价值的信息。此外，解释型仿真还提供了统计功能，可以对仿真结果进行分析，从而帮助用户更好地理解电路的性能特征，为设计决策提供支持。

（2）编译型仿真

编译型仿真是将结构描述转化为纯行为模型，然后编译成目标语言，最终实现仿真的过程。在这种方式下，仿真系统致力于实现电子系统的全部功能，为此会生成详尽的输入和输出激励波形，并运行大量仿真周期。图 4-4 展示了编译型仿真的基本结构。编译型仿真并非简单地将描述转换为代码，而是通过优化和压缩等手段对描述数据进行处理，包括展开层次化模块结构以平面化描述，确定数据定义域，以及剔除冗余信息和归并语句类型操作。

这样的优化和压缩不仅提高了仿真效率，还有助于提升仿真结果的准确性。编译型仿真也提供了可综合性检查和可测试性检查等功能。通过这些检查，可以评估仿真结果的可综合性，即是否可以将其转换为硬件实现，还可以评估其可测试性，即是否便于设计验证和测试。

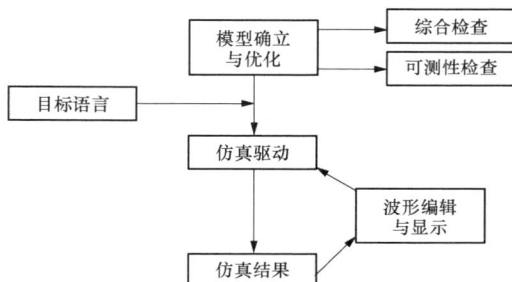

图 4-4　编译型仿真器子系统的结构

　　解释型仿真和编译型仿真是 EDA 系统中常见的两种仿真方式，它们各有优缺点，适用于不同的场景，因此在实践中同时存在。尽管它们在实现方式上有所差异，但在仿真算法方面，它们却有相似之处，多数采用事件驱动的算法。这两种仿真方式的基本思想与逻辑仿真相近，都是通过模拟电子系统的行为来验证设计的正确性。然而，不同之处在于仿真驱动的单位。在解释型仿真和编译型仿真中，仿真驱动以进程为单位。这意味着仿真过程中会针对每个进程进行处理，以确保系统的各个部分都得到了适当的仿真和验证。

4.2.3　VHDL 内部模型的建立

　　在进行 VHDL 描述的编译和仿真之前，首先需要提取必要信息并建立内部模型。这一过程涵盖了配置的确定、层次结构的建立、进程语句的分析、生成语句的处理、标识符的确立等。在这个过程中，首先需要根据指定的配置确定数字系统的层次结构。这意味着要明确系统中各个模块之间的关系和层次，以便在仿真和综合过程中正确地处理信号传输和模块间的交互。需要对每个仿真中的进程语句进行分析，以确保在仿真过程中能够正确地模拟系统的并行执行行为。同时，也需要对生成语句进行处理，以确保在仿真过程中能够根据生成条件正确地生成相应的代码。在每个进程中，需要确立顺序语句的执行顺序，以确保在仿真过程中按照正确的顺序执行，从而正确地模拟系统的行为。还需要处理数据类型、信号和其他标识符等各个方面的信息，以确保在仿真和综合过程中能够正确地处理这些信息。

下面分两个方面来讨论 VHDL 内部模型的建立：纯行为的进程模型及并行语句的确立、层次化结构模型及配置的确立。

1. 纯行为的进程模型

在 VHDL 中，各个实体及其结构体通常由一系列并行语句组成，这些并行语句在仿真实现的角度上可以分为以下三类。

（1）进程类语句

在 VHDL 中，简单并行语句包括并行信号赋值语句、并行过程调用语句和并行断言语句，它们在行为模型中可视为简化的进程语句。

通过并行信号赋值语句，可以将一个信号与一个表达式相连，表示在仿真过程中该信号的值会随着表达式的变化而变化。这种语句通常用于描述组合逻辑，在任何时刻都可以对信号进行更新。

通过并行过程调用语句，可以调用其他进程或子程序，使其在仿真过程中并行执行。这种语句在行为模型中起到类似于进程的作用，能够描述系统中不同部分之间的并行执行行为。

通过并行断言语句，可以对信号或表达式进行断言，即判断其是否满足特定的条件。如果条件满足，则仿真继续执行；如果条件不满足，则仿真停止并给出相应的错误信息。这种语句在仿真过程中起到重要的验证作用，能够帮助设计人员验证系统的正确性。

这三种简单并行语句可以看作是进程语句的简化形式，在行为模型中对系统的行为进行描述。它们能够描述系统中不同部分的并行执行行为，并在仿真过程中起到重要的作用，帮助设计人员验证系统的正确性和性能。

（2）模块调用类语句

元件例化语句块语句。

（3）生成语句

在 VHDL 中，生成语句被用来简化设计中的重复结构。模块调用类语句确定了系统的层次结构，本质上是一系列进程的集合。在这个集合中，每个进程定义了一个独立的操作，一个数字系统实质上是由一组独立、并行执行的进程组成的。每个进程都是由一组顺序语句组成的过程，类似于一段程序，负责执行特定的任务。在仿真过程中，每个进程都按照顺序执行其内部的语句，以模拟系统的行为。这样的设计使得系统具有良好的可维护性和可扩展性，因为每个进程负责的任务清晰明确，易于理解和修改。而生成语句实际上是一系列结构相同的并行语句或并行语句组的简化写法。它们可以被展开成各自独立的并行语句，也可以被嵌套在一个并行语句内部。这种灵活的设计方式使得可以根据实际需求选择最合适的形式来表示重复结构，从而使设计更加灵活和高效。信号在数字系统中起着关键的作用，它们协调着各个进程之间的通信，并且控制着进程的执行。信号的值的变化决定了各个进程的运行状态，同时也确定了系统的输入和输出。通过对信号的监测和处理，可以获得新的信号事件，从而推动系统的进一步运行。

在 VHDL 设计中，进程是至关重要的组成部分，它具有激活和挂起两种状态。设计者可以灵活地安排进程的激活和挂起条件，包括挂起时间、激活条件，以及等待某些信号的事件。由于进程的特殊性质，以及并行语句的进程等价性，VHDL 行为模型以进程为基础建立，这种模型被称为纯行为的进程模型。纯行为的进程模型将各个进程按照语句自然顺序连接在一起，形成了一个主从链表结构。在这个模型中，主链表是进程链表，每个进程节点上挂有一个顺序语句链表。这种结构的示意图如图 4-5 所示。在这样的模型中，每个进程节点代表一个特定的操作或任务，而每个顺序语句链表则描述了进程内部的操作顺序。设计者可以根据系统的需求和功能，合理安排进程节点和顺序语句，以实现所需的功能和行为。

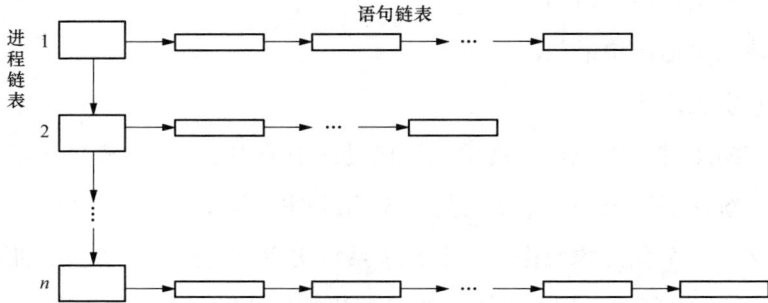

图 4-5　进程模型示意图

在 VHDL 中，进程语句由两个部分组成：本身的说明部分和顺序语句部分。在一个进程中，顺序语句部分可以包含一个或多个简单语句和复合语句，这些语句用于描述进程的行为和逻辑。

在 VHDL 中，确立一个进程包括了说明部分和顺序语句部分的确定。说明部分的确立与结构体中的说明部分相似，根据可见性原则确定每个类型和对象（信号、变量和常量），并确定它们的初始值。在进程的说明部分，设计者需要定义进程中所使用的信号、变量和常量，以及它们的初始值。这些定义需要遵循可见性原则，确保只有在进程内部可见的对象才能被访问和操作。通过定义合适的类型和对象，可以为进程提供必要的数据和控制。而在顺序语句部分中，需要对每个语句进行确定，将它们组成一个顺序语句链，并挂在进程节点上。这些语句可以是简单语句，也可以是复合语句。对于复合顺序语句，需要将其做成嵌套的结构化语句，以便清晰地表达进程中的逻辑和控制流程。这样的结构化语句可以使进程的行为更加直观和易于理解，有助于设计者正确地描述系统的功能和行为。

简单并行语句的确立过程旨在将其转化为等价的进程语句，以满足进程模型的要求。这意味着需要将并行语句转化为相应的顺序语句，以确保进程能够按顺序执行，而不受并行语句的影响。这个过程需要注意保持语句的逻辑一致性和等效性，确保转化后的进程能够正确地模拟原始的并行语句的行为。等价的进程语句通常不包含说明语句，因为说明语句在进程中的作用较小，通常只用于定义信号或变量，而这些定义可以直接嵌入到顺序语句中。等价的进程语句也不包含挂起等待语句，因为挂起等待语句会导致进程在执行过程中暂停等待特定事件的发生，而这与进程模型中的顺序执行是不相符的。

　　在 VHDL 中，顺序语句的运用和组织是编写高效、可读性强的硬件描述语言代码的基石。这些语句，无论是单一的执行步骤还是更为复杂的结构集合，都被精心设计成一个嵌套式的链表结构模型，这样做不仅便于在仿真过程中进行详尽的分析，还有助于处理各种逻辑和控制流程。在这个模型中，复合语句起到了核心作用，它们将简单语句与复合语句结合在一起，形成一个多层次的结构。这样的设计方式不仅使得复杂的逻辑关系和控制流程得以清晰表达，也极大地提高了代码的整理和理解效率。

　　当涉及条件判断时，VHDL 采用了专门的条件语句模型，它通过仅包含 then 和 else 两个部分来简化决策流程，使得根据不同条件执行不同代码段变得直观易懂。这种模型的设计精妙之处在于，它能够有效地模拟出条件判断在实际电路中的行为，从而在仿真过程中准确地反映出基于条件变化的逻辑流程。

　　对于循环控制，VHDL 进一步区分了 for 循环与 while 循环两种不同的结构和仿真模型。这种区分反映了两者在逻辑设计中的本质差异：for 循环依赖于明确的计数器进行迭代，适用于那些迭代次数可预知的场景；而 while 循环则基于条件的满足与否来决定循环的持续，更适合于迭代次数未知的情形。VHDL 通过为这两种循环提供不同的仿真处理方法，确保了在模拟电路的逻辑行为时能够保持高度的准确性和灵活性。VHDL 的设计哲学在于提供了一种能够精确描述硬件行为的语言，而顺序语句及其嵌套式链表结构模型的设计正是这一哲学的体现。通过将复杂的电路逻辑和控制流程分解成井然有序的语句块，VHDL 不仅使得硬件设计师能够更清晰地表达他们的设计意图，也极大地提高了仿真过程的效率和准确性。这种方法论的精妙之处在于，它既满足了对电路行为精确描述的需求，也优化了代码的组织结构，使得维护和理解变得更加容易。

过程调用语句包括并行过程调用语句和顺序过程调用语句。并行过程调用语句等价于只含有一个顺序过程调用语句的进程，而函数调用则通常出现在表达式中。虽然过程调用和函数调用实质上都是执行一系列顺序语句，它们在某些方面有明显的区别。主要区别在于过程中通常有信号作为输出参数，需要对信号事件进行处理，而函数则没有输出参数，但需要有返回值。过程中可以包含等待语句，而函数中则通常不包含。过程调用通常涉及对信号的操作，因此可能会将信号作为输出参数传递给调用者。这意味着在调用过程后，需要对输出参数所关联的信号事件进行处理，以确保系统能够正确响应和执行。相比之下，函数调用通常不涉及对信号的操作，因此没有输出参数的概念，其执行过程主要是为了计算并返回某个值。过程中可以包含等待语句，用于暂停进程的执行，等待特定事件的发生。这种等待语句可以有效地控制进程的执行流程，使其能够在特定条件下进行等待和唤醒。而函数中通常不包含等待语句，因为函数的执行过程应当是确定性的，不应该出现在某个特定事件发生前需要暂停执行的情况。在实际设计中，一般会将过程和函数的定义描述部分做成同样的模型，以便于统一管理和维护。但是会在描述部分设定适当的区分标志，以便在仿真时能够分别处理它们的特殊情况。通过这样的方式，可以有效地管理和调用过程和函数，并确保系统的正确性和稳定性。

2. 层次化结构模型

在 VHDL 中，模块层次结构一般通过模块的例化调用和配置来描述。配置指明各例化语句所使用的模块如实体及其结构体。由例化语句、元件模板说明与配置 3 个方面唯一确定了一个数字系统的层次结构。配置的任务是将若干个独立的实体按照配置的指定连接起来，构成一个完整的电路。配置有两种形式：一种是在结构体中直接指定，称为配置指定；另一种是不在结构体中指定，而用专门的配置描述单元来指定，称为配置说明。

在 VHDL 中，模块的层次结构通常通过模块的例化调用和配置来描述。配置的作用是指明各个例化语句所使用的模块，包括实体及其结构体。通过例化语句、元件模板说明和配置这三个方面的确定，一个数字系统的层次结构就得以唯一确定。配置在数字系统的设计中扮演着至关重要的角色。它的任务是将各个独立的实体按照配置连接起来，从而构成一个完整的电路。通过配置，可以明确指定模块之间的连接方式和关系，确保系统能够正确地运行。

【例 4-1】配置指定。

```
entity CIRCUIT1 is                    --被调用的实体
port(C, S,R,J,K:in bit; Q,Q bar:out bit);
  end CIRCUIT;
  architecture Arch1 of CIRCUIT1 is   --CIRCUIT 的第 1 个结构体
begin
......
end Arch1;
architecture Arch2 of CIRCUIT1 is     --CIRCUIT 的第 2 个结构体
begin
......
end Arch2;
entity Design is end Design;          -主电路实体
architrcture D1 of Design is          --主电路结构体
signal S1,S2,S3,S4,CLK, SET,CLEAR: bit;
component                             --元件模板
port(J1,Kl:in bit;Q0, Q1 :out bit);
end component;
for U:FF use entity work. CIRCUIT1 (Arch1)  --元件配置指定
port map(C ⟹ LK, S ⟹ SET, R ⟹ CLEAR, J ⟹ J1, K ⟹⟩ KI, Q ⟹ Q0,
Q bar  ⟹  Q1);
  begin
```

```
U:FF port map(SI, S2,S3,S4);              --元件例化

  end for;

  end DI;
```

另一种配置方法是配置说明，它不在结构体中直接指定，而是通过专门的配置描述单元来指定。在配置说明中，针对每个实体指定其描述结构体，并指定结构体中各元件例化语句对应的实体和结构体，这种配置方式称为块配置。此外，对配置的实体还可以进一步对其内部使用的元件进行配置，形成块配置的嵌套结构。

【例 4-2】块配置。

```
for<结构体名>

for<例化语句标号>:              <元件模板>

  use entity<子实体名>      (<子结构体名>)

  generic ma(..)             --可使用默认

port map(...)                --可使用默认

    for<子结构体名>          --需要时可嵌套子结构体的块配置

end for;

end for;
```

在下面的讨论中把结构体中指定的配置称为内配置，把配置单元称为外配置。在外配置中还可以指定其中的元件用另外一个外配置，称为外配置嵌套。

【例 4-3】外配置嵌套。

```
configuration FF_conf of CICUIT1 is

for Archl

......

end for;

end FF_ conf;

configuration conf1 of Design is
```

```
    for D1
        for U:FF use configuration work.CICUIT1.FF_conf;
                              --FF_conf 是 CICUIT1 的一种配置
        end for;
    end for;
end conf1;
```

conf1 中指定了 Design 的另一种配置，用于确定 D1 中的 U 使用 CIRCUIT1 的配置文件 FF_conf。对于某些情况，如仅存在一个实体和一个结构体，或者使用系统提供的基本元件，不需要明确指定配置。在这种情况下，只需提供元件模板即可。根据默认规则，若没有显式指定配置，则实体名与元件名相同，并且会自动选择与实体对应的最近生成的结构体。如果不存在用户定义的实体，则会使用系统定义的与元件同名的基本元件。

配置功能是现代电路设计中的关键一环，它为充分利用已有资源和重新组合大型电路提供了便利。在确定对电路或实体进行配置时，用户可以根据以下三种方式进行指定。

① 指定实体名及其配置描述单元名。在电路设计中，配置扮演着至关重要的角色，它决定了电路中各个元件的具体配置和连接方式。配置的核心任务是确定使用哪个结构体，并指定其中元件的配置，以及嵌套结构中各级元件的配置。在确定配置时，根据模块的调用路径，系统会将实例化的元件与配置中指定的配置进行匹配，找到所需的实体和结构体，并将它们相互连接。

② 指定实体名及其结构体名。在配置过程中，一种重要的考虑因素是如何处理结构体中的内部配置以及外部配置。根据设计的要求和具体情况，系统会采取不同的策略来确保电路的正确性和性能。当结构体中存在内部配置时，系统会优先使用内部配置。这意味着对于每个元件，系统会首先检查结构体内部是否已经定义了相关的配置信息。如果有，则直接采用内部配置，而不考虑外部配置或默认规则。如果结构体中没有内部配置，但存在外部配

置，则系统将使用外部配置。在这种情况下，系统会查找外部配置文件或指定的配置参数，并将其应用到结构体中的各个元件上。这种方式保证了用户可以在不修改结构体的情况下，通过外部配置文件对电路进行定制和调整。如果既没有内部配置，也没有外部配置可用，系统将会使用默认规则。默认规则可能包括使用预先定义的参数值或者系统提供的基本配置方案。这种情况下，系统会根据电路设计的通用要求来自动配置元件，以确保电路的正常运行。

③ 只指定实体名。首先根据默认规则查找结构体，然后按如上第二种情况处理。

在电路设计中，配置不仅用于确定电路的各个元件的具体参数和连接方式，还能将主电路模块与其调用的各个子模块有机地组成一个完整的电路模型。在这个模型中，虚拟的元件模板会被实际使用的实体所代替，而使用元件例化语句将主模块与被调用实体连接在一起，也称为模块调用。这种元件例化语句可以看作是在电路设计中搭建桥梁，将各个模块有机地连接在一起，形成一个完整的电路结构。在已经确立的电路模型中，每个实体都对应着唯一的一个结构体。因此，将这两者合并在一起，称为元件模块，这有助于简化电路设计和管理。通过这种方式，用户可以清晰地了解每个实体所对应的结构体，从而更好地理解和维护电路模型。

在电路设计中，层次描述是一种关键的技术，它允许设计者以层次化的方式来组织和描述电路结构，从而提高设计的可读性和可维护性。在层次描述中，block 语句是一种常用的复合并行语句，它可以嵌套在结构体中，用于简化电路的层次结构描述。需要理解 block 语句的基本特性，block 语句可以看作是一个独立的电路模块，在其中可以包含多个并行语句，这些语句可以同时执行，从而实现复杂的电路功能。在结构体中嵌套描述 block 语句，可以有效地将电路结构进行层次化组织，使得整个设计更加清晰和结构化。与电路中的元件模块类似，整个 block 语句可以被视为一个元件模块的简化形式。它具有端口和类属参数，用于定义与外部环境的接口和属性。端口匹配和类属参数匹配是 block 语句与其他模块之间进行连接和通信的关键机制，类似于元件例化调用中的端口匹配和类属参数匹配。通过合理使用 block 语句，设计者可以将复杂的电路结构分解成多个简单的模块，从而实现电路设计的模块化和复用。这种层次描述的方式不仅提高了电路设计的效率，还有利于设计的维护和修改。同时，block 语句的并行性特点也使得电路的执行效率得到提高，从而满足了对高性能电路的需求。

根据仿真算法实现方式的不同，可以把电路模型做成纯行为进程模型和层次化结构模型。

在纯行为进程模型中，所有模块调用都会被展开，而模块调用语句会被替换为模块内部的实体、结构体或 block 体内的语句。此外，端口关联匹配会通过赋值语句来实现。这样的处理方式将整个电路视为一个模块，由若干个进程的集合组成，形成纯行为进程模块。在这种模型中，省去了复杂的调用关系，而模块调用被直接展开为内部语句，从而简化了电路的描述。这种简化有利于快速仿真和分析，同时也提高了电路设计的效率和可读性。通过纯行为进程模型，可以进一步优化调用关系和各种语句，以实现更高效的电路描述。

在层次化结构模型中，电路源描述的层次结构信息被完整地保留下来，同时也保留了模块调用语句的结构。模块调用被看作一种并行语句，与进程及其他简单并行语句等价的进程并列存在。此外，生成语句作为一种特殊的并行语句，会形成单独的生成语句结构，挂在并行语句节点上。

在电路设计中，每个模块由一系列描述说明信息和标志，以及一系列并行语句构成。这些并行语句可以是进程、模块调用或生成语句。在进程中，会包含一系列顺序语句，用于描述电路中的逻辑流程。而简单并行语句会被转化为等价的进程，这些等价进程中只包含一个顺序语句或一个复合顺序语句。模块调用结构中包含了几个关键部分，其中主要有模块名、模块类型（如实体、基本元件或 block）、指向相应模块节点的模块指针、端口关联等信息。模块名用于唯一标识模块，模块类型则说明了该模块的性质和功能。模块指针则指向模块在层次结构中的位置，从而可以在整个电路结构中准确定位模块的位置。而端口关联部分则定义了模块与其他模块之间的连接关系，包括输入端口和输出端口的对应关系。图 4-6 是模块节点内部结构的示意图。

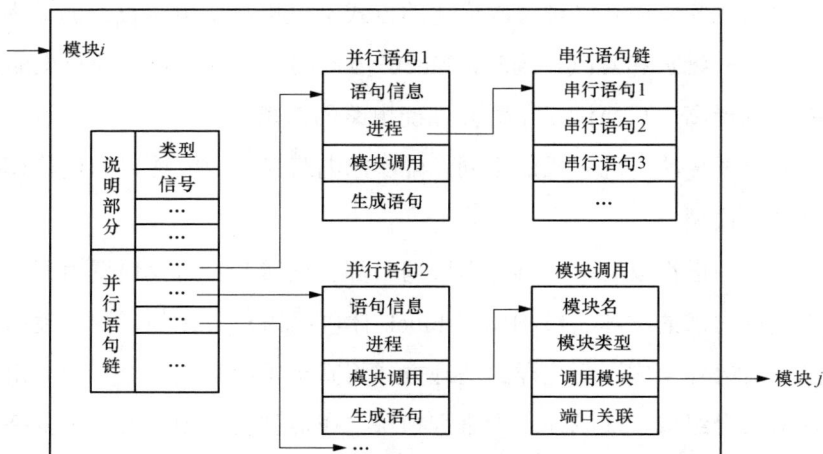

图 4-6　模块节点内部结构的示意图

在电路设计中，整个电路的描述可以被视为主模块，它是层次树的根，其他模块通过模块调用连接起来，形成了一棵树状结构。在这个树状结构中，每个模块都可以作为一个节点，而模块调用则是节点之间的连接关系。尽管一个模块可能有多个调用源，导致多个模块调用节点指向同一个模块，但整体结构仍形成了一种类树结构。这种类树结构为电路设计提供了清晰的层次化组织方式。主模块作为根节点，承载着整个电路的描述信息和逻辑流程。其他模块则作为子节点，通过模块调用与主模块相连，形成了树状结构中的分支。

可以把配置的处理过程分为两个步骤。

① 将配置指定的各被调用元件读入，所有元件模块排成一个链表。

② 从主模块开始，在电路设计中，对各元件例化语句进行处理是一个重要的步骤，它涉及查找元件模板、配置语句，以及处理端口和类属参数的关联。这个过程的目标是找到被调用模块的实体和结构体，并确保其与主模

块的端口正确关联。若被调用元件为系统提供的基本元件，还需要进行相应的标识和编号处理。

在电路设计的配置处理过程中，信号、变量等对象扮演着重要的角色，它们需要通过查找说明路径来确定其所属的模块或结构体。然而，在配置处理的阶段，由于需要进行详细的参数配置和连接关系的确定，实体及其结构体暂时不能合并在一起。这意味着在配置确立完成之前，实体和结构体之间仍需保持分离状态，以便在配置处理过程中能够准确地确定各对象的属性和连接关系。

在电路设计中，元件例化语句起着关键作用，它指定了实际例化元件与元件模板之间的端口和类属参数的关联。在配置指定中，也给出了元件模板与被调用模块的关联关系。由于在层次化结构模型中，实际模块取代了元件模板，因此需要直接建立例化元件实际信号与被调用端口之间的关联关系。按照 VHDL 语言规定，这可以分为以下四种情况。

① 端口个数不同。在电路设计中，确保实际信号与被调用模块的端口正确关联是至关重要的。在前面的配置指定的例子中，例化元件 U 具有 4 个端口，而被调用的实体 CIRCUIT1 具有 7 个端口，其中一部分端口需要与实际信号对应，而另一部分可能需要悬空处理，即用 open 指定。这种情况下，需要特别注意如何进行端口关联以确保电路的正确功能。

② 端口个数相同。在电路设计中，有些端口可以通过数组来表示，而实际信号的形式可能与端口定义不完全匹配。例如，模板中指定了一个包含两个元素的数组，而实际信号却是两个独立信号，它们通过元素一一对应。在这种情况下，需要灵活地处理端口之间的关联，以确保电路功能的正确实现。

③ 实际信号、元件模板及模块实体端口的信号类型不同。这时需要类型转换函数。

④ 一个元件实体可以由多个调用源调用。这意味着不同的例化语句可以使用不同的元件模板来调用同一个实体；同一个元件模板也可以被不同的

例化语句所调用，并配置不同的实体。这种灵活性为电路设计带来了更多的可能性和选择。不同的调用源可能对应不同的元件模板，这意味着不同的例化语句可以根据需要选择合适的元件模板进行调用。这样一来，同一个实体可以根据不同的需求被灵活地调用和配置，以满足不同的电路设计要求。不同的调用源之间，其形式端口和实际端口信号的类型、个数等也可以不同。例如，有些调用源可能只使用了实体的部分端口，而其他调用源则需要使用全部端口。在这种情况下，需要针对不同的调用源进行端口关联和配置，以确保电路的正确连接和功能实现，不同的调用源还可能对应不同的实体配置。这种灵活性可以根据具体的电路设计需求来进行选择，从而实现更加定制化的电路设计。

在电路设计中，一些端口关联无法在建立模型时完全解决，需要在仿真过程中动态处理。因此，需要保留两套关联关系，分别称为外层关联和内层关联。外层关联指的是例化元件与元件模板之间的关联关系，而内层关联指的是元件模板与实际实体之间的关联关系。在模块调用过程中，信号事件的传递从外层到内层，而在模块调用结束返回时，则从内层到外层将模块中计算得到的信号事件传给实际信号，其中元件模板端口是临时信号处理的中介。

在电路设计中，例化调用中的类属参数传递过程与端口信号传递过程类似，但也存在一些不同之处。类属参数主要用于对被调用模块的行为进行配置和控制，与端口信号不同的是，类属参数只有输入参数，没有输出参数。

在电路设计中，block 语句的确立是为了建立一个模块结构，而调用关系则是通过模块调用的关联来实现。block 语句的参数传递通常只有一层，其中端口说明和类属说明作为模块本身的端口说明和类属说明，而端口匹配说明和类属匹配说明则作为调用模块与被调用模型之间的关联关系。

在电路设计中，例化调用和 block 语句都采用了相似的模块调用模型来表示，但由于 block 语句中含有保护信号及被保护的赋值语句，导致两者在仿真处理时有所不同。因此，在模块结构中需要保留相关信息以便查用。

4.2.4　VHDL 仿真算法

VHDL 仿真算法基于进程模型和层次化结构模型，主要涉及基于进程的事件表驱动算法、层次化模型的仿真算法，以及仿真主控算法。

1. 基于进程的事件表驱动算法

在 VHDL 描述中，进程模型是基本的描述方法，用于表示整个电路的行为。在纯行为模型中，电路的行为通过一组进程来描述。这些进程之间是并行执行的，每个进程代表着电路中的一个功能单元或行为。通过进程的集合，可以清晰地描述电路的整体行为。在层次化结构模型中，通过模块的调用关系，最终形成了一个纯行为的模块。这种模型的设计使得电路的结构更加清晰，各个功能模块相互独立，便于维护和扩展。针对进程模型的仿真算法，采用顺序执行各个进程来模拟并行性。为了保证并行性的准确性，采用了事件驱动算法。这种算法类似于逻辑仿真算法，但是以进程为驱动对象。在事件驱动算法中，采用基于时间顺序的事件表示方法。每当一个信号发生变化时，就形成一个事件。不同于逻辑仿真算法，事件不是驱动元件的计算，而是激活了相应的进程。被激活的进程在运行后会产生新的事件，并在遇到等待语句后挂起。每一次处理事件、激活和执行进程组成了一个仿真周期。在这个过程中，根据事件的发生顺序和进程的执行顺序，逐步模拟整个电路的行为。这种事件驱动的仿真算法保证了电路仿真的准确性和高效性。

在 VHDL 仿真中，等待语句的出现可能嵌套在复合语句和过程调用之中，因此对于信号和变量的值，必须按路径分别保存。当进程挂起时，需要记录当前的语句路径，以便在下次激活该进程时能够沿着路径找到相应的信号值，并继续执行相应的入口语句。进程的激活按照等待语句的指定进行。如果等待语句是等待时间语句，那么需要创建一个时间等待事件，并将其加入到事件表中。时间等待事件由进程标识、等待时间和等待语句标识组成。当等待时间到达后，会激活相应的进程，并获取其入口语句，继续执行。对于等待条件语句和等待敏感信号语句，会在处理信号事件时判断条件是否成立。如果条件成立，则会激活相应的进程。而等待语句本身会作为下次激活时的入口语句。如果进程没有等待语句，那么在所有的顺序语句执行完毕后，进程会挂起，并将第一条语句作为下次激活时的入口语句。

【例 4-4】处理进程的算法。

```
处理进程()
{
  根据当前运行路径,找到该进程所用的有关内部数据,恢复状态;
  取当前顺序语句;
  if(敏感信号发生更新)则激活该进程;
  else 返回("正常"); // 未被激活
}
while(当前顺序语句! = NULL)
{ switch(语句类型)
  { case WAIT 语句:
    switch(进程状态)
    { case 激活状态;
  改进程激活态为挂起状态;
  if (有 WAIT FOR 子句)则设置等待时间事件;
  记录当前语句,作为下次激活时的入口;
  return("挂起");
  Break;
Case 超时等待状态://在信号更新、处理等待时间事件时设置
    设置进程状态为激活状态;
    Break;
Case 挂起状态:
    if ( WAIT ON 信号、WAIT UNTIL 条件满足)
    {设置进程状态为激活状态:
```

```
        if(WAIT FOR 子句)则删除该语句的等待时间事件;
        else return("常规");} // 未被激活
        break ;
        }
        break;
    Case 其他顺序语句:
        执行语句;
        安排信号事件;
        Break;
    }
取下一条顺序语句;
if(下一条顺序语句！=NULL)
        当前顺序语句=下一条顺序语句;
else   // 已到最后一句,且无 WAIT 语句
    {记录第一条语句:作为下次激活时的入口;
    return("挂起");}
```

2. 层次化模型的仿真算法

在层次化结构模型下,仿真算法变得更加复杂,其中一个主要原因是每个模块可能存在不同的调用路径。每次调用代表了实际电路中的不同部分,因此一个模块的信号可能代表着带有不同路径的多个实际信号。这种情况下,需要建立局部信号与全局信号之间的映射关系,以便正确地仿真电路的行为。在这里,将模块中形式上的信号称为局部信号,而实际电路中的信号称为全局信号。由于每个实际信号都必须记录其信号波形数据,因此需要对局部信号按照各个调用路径建立其对应的全局信号表。建立局部信号与全局信号的对应关系,涉及对模块调用路径的分析和识别。对于每个模块调用路径,需要记录其中涉及的局部信号以及其对应的全局信号。这样,当仿真过程中遇到局部信号变化时,就能够根据当前的调用路径找到相应的全局信

号，并更新其波形数据。在建立全局信号表的过程中，需要考虑模块调用的嵌套和递归关系。因为一个模块可能会被多次调用，而每次调用可能在不同的上下文中，导致局部信号的含义发生变化。必须确保对于每个模块调用路径都能够正确地建立对应的全局信号表，以保证仿真的准确性和完整性。

在仿真初始化过程中，针对层次化结构模型中的每个模块，需要执行一系列操作来建立局部信号与全局信号之间的映射关系。具体而言，需要在每个模块中对所有调用路径进行分析，并复制局部信号，为每个局部信号建立相应的全局信号。这一过程的核心在于确保在仿真运行过程中，每次调用模块时都能够准确地找到与路径相应的全局信号。因此，在仿真初始化阶段，需要遍历所有的模块和调用路径，并将局部信号复制到相应的全局信号中。这样，在仿真过程中，每个模块都会有自己独立的全局信号集合，与其调用路径相对应。在仿真运行过程中，当调用一个模块时，首先会根据调用路径找到与之相应的全局信号集合。然后，所有的信号取值和事件建立都会针对这些全局信号进行操作，以确保仿真的准确性和一致性。图 4-7 是一个电路层次结构的示意图。

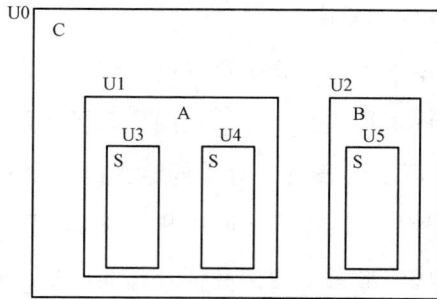

图 4-7　一个电路层次结构的示意图

假设电路 U0 使用了模块 C（C1），而 C1 又表示了实体 C 的某个描述体。在实体 C 中，有两个元件 U1 和 U2，分别使用了模块 A（A1）和 B（B1）。A 模块中有两个元件 U3 和 U4，它们都调用了模块 S（S1）。而在 B 模块中，有一个元件 U5 也调用了模块 S（S1）。这样，模块 S（S1）就有了三条调用路径：U0.U1.U3、U0.U1.U4 和 U0.U2.U5。每个调用路径代表了实际电路中的不同部分，因此对于模块 S 而言，这三条调用路径是其在不同上下文中的使用情况。在层次结构模型中，可以清晰地表示出这些调用关系。通过图 4-8 中的层次结构模型，可以直观地了解到各个模块之间的关系以及调用路径的形成。在这种模型中，对于元件模块 S 中定义的局部信号 Z，相应的全局信号则分别为：U0.U1.U3、U0.U1.U4 和 U0.U2.U5。这样的映射关系使得在仿真过程中能够准确地追踪和处理各个信号的变化，从而保证了仿真的准确性和可靠性。

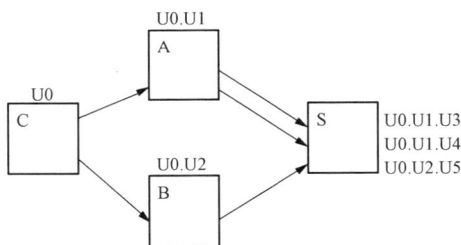

图 4-8 电路的层次结构模型

在层次化结构模型中，一个电路由唯一的主模块组成，该主模块包含了若干子模块和若干进程。每个子模块又由若干下一级子模块和若干进程组成，而最底层的模块则完全由进程构成。这些子模块和进程都以并行语句的形式出现，而对于一个模块的仿真过程，则是对其中的各并行语句依次进行处理。在处理进程时，可以采用事件表驱动法。当遇到模块调用时，仿真过程需要根据调用路径找到该模块中的各信号在全局信号中的映射关系。这样可以确保在仿真过程中能够准确定位到每个信号的全局位置，从而能够正确处理信号的变化和传递。根据模块表中的端口关联关系，需要将调用模块中的实际信号传送给模块的输入端口。这一步骤是确保信号能够正确地进入到调用模块中，以便后续的仿真过程能够对其进行处理。采用递归方法处理子模块中的各并行语句，意味着对于每个子模块，需要逐一处理其内部的并行语句，确保每个语句都得到正确的执行和处理。递归处理子模块的过程中，需要不断地深入到每个子模块的内部，直到处理完最底层的进程为止。在子模块的仿真结束后，需要将输出端口的新事件传递到实际信号中。这样可以确保仿真过程的结果能够及时反映到实际电路中，以便进一步分析和处理。

【例 4-5】模块的运行过程。

```
运行元件模块( )
{找到当前运行路径下所用的与路径有关的内部数据:
 if (为继续仿真) { 恢复状态;取当前并行语句; }
 else
    当前并行语句=第一条并行语句;
    while(当前并行语句! = NULL )
    { switch (语句类型)
       { case 例化调用语句:
                对 IN.INOUT 等模式的端口把值传入;
                运行子模块;
                把 OUT、INOUT 等模式的端口的最近时刻的信号事件传出;
                Break;
          case   进程:
                执行进程;
                Break;
          case   生成语句:
                执行生成语句仿真;
                break ;
                }
    取下一条并行语句;
    当前并行语句=下一条并行语句;
       }
 return("正常");
 }
```

3. 仿真算法的主程序

层次化结构模型的仿真主控算法是一个关键的部分，它负责管理整个仿真过程，并确保仿真的准确性和高效性。以下内容将详细探讨这个算法。

在仿真之前，需要建立动态数据结构，其中包括建立各模块中局部信号对应的全局信号，并确定各信号的初始值。这一步是为了在仿真过程中能够准确地追踪和处理各个信号的变化，从而保证仿真的准确性。

在初始化完成之后，仿真主控算法激活所有的进程，并按照顺序启动这些进程的运行。进程运行时使用所有信号的初始值，包括激励波形的初始值。这一步确保了仿真开始时各个信号都处于正确的状态。

在仿真周期的进行过程中，只有被激活的进程才能够运行。这时，算法使用信号的当前值及外部信号相应时刻的激励值。这样可以确保仿真过程中只有相关的信号被处理，提高了仿真效率。

在仿真开始时，整个电路作为主模块调用模块仿真程序。处理主模块的方法与处理子模块的方法相同，不同之处在于处理主模块时需要加入必要的仿真激励信号。这一步是为了确保仿真过程能够正确地启动和运行。

在仿真过程中，引入了决断信号的概念。决断信号是具有多个驱动源的信号，其有效值需要在所有驱动源求得新的驱动值之后，通过执行决断函数来求出。这一概念的引入使得仿真过程能够更加灵活地处理复杂的信号逻辑，提高了仿真的准确性和可靠性。

在每个仿真周期中，对决断信号的各个驱动源进行信号赋值时，建立该信号的临时事件，记录下各个驱动源的驱动值。然后，在更新信号的状态值时，执行决断函数求出其有效值，确保仿真结果的准确性。

【例 4-6】层次化结构模型的仿真主控算法。

仿真主控算法（ ）

{ 仿真初始化；

对不同的调用路径在各模块中建立与路径有关的全局信号表等内部数据；

建立信号的驱动源,设置信号初始值；

把各进程设置为激活状态；

while(当前时刻小于或等于最大仿真时间且事件队列已空)；

{ 处理当前信号事件,更新信号值；

  计算决断信号的决断函数,求出其有效值；

  处理等待时间事件,将等待时间已超时的进程设置为超时等待状态；

  调用元件模块仿真子程序,仿真主模块；

  取下一仿真时刻；

  当前时刻=下一仿真时刻；

  }

Return("完成")；

}

4.3 仿真工具软件 ModelSim

ModelSim 仿真软件是业界最通用的仿真器之一。它具有支持 Verilog 和 VHDL 混合仿真的特点，使得用户可以在同一个环境中进行不同语言的仿真。ModelSim 以其高仿真精度和快速的仿真速度而闻名。

4.3.1 ModelSim 仿真软件的特点

ModelSim 软件是一款强大的仿真工具，提供了友好的调试环境和广泛的功能支持，使其成为了电路设计和验证领域的首选工具之一。其独特之处在于是目前唯一的单内核支持 VHDL 和 Verilog 混合仿真的仿真器，这为用户提供了更加灵活的仿真选择。ModelSim 软件适用于各种电路设计场景，包括 RTL 级和门级电路仿真。它采用了直接优化的编译技术、Tcl/Tk 技术和单一内核仿真技术，使得编译仿真速度极快，并且生成的代码与平台无关，便于保护 IP 核。

ModelSim 以其强大的调试功能而闻名，其先进的数据流窗口使得用户可以快速追踪到产生不定或错误状态的原因。通过数据流窗口，用户可以查看信号的变化和传播路径，帮助用户准确定位问题所在，并进行及时修复。除了调试功能外，ModelSim 还提供了性能分析工具，可以帮助用户分析仿真过程中的性能瓶颈，从而优化仿真过程，加速仿真的进行。通过性能分析工具，用户可以识别和优化仿真过程中效率低下的部分，提高仿真的效率和准确性。ModelSim 还提供了代码覆盖率检查功能，确保测试覆盖面广泛而完备。通过检查代码覆盖率，用户可以确定测试是否覆盖了设计的各个部分，从而保证设计的完整性和正确性。ModelSim 还具有多种模式的波形比较功能和信号追踪功能，便于访问 VHDL 或 VHDL 和 Verilog 混合设计中的底层信号，帮助用户更加深入地理解设计的运行过程，并进行精准的调试和分析。ModelSim 支持加密 IP，可以保护用户的知识产权，防止设计被非法复制和使用。同时，ModelSim 还可以实现与 Matlab 的 Simulink 的联合仿真，使得用户可以在不同的仿真环境下进行联合仿真，从而更全面地验证设计的正确性和性能。

ModelSim 是一款功能强大的仿真工具，根据用户的需求和应用场景，分为不同版本。其中，SE 是最高级版本，拥有最全面的功能和最高的性能；OEM 版本则是针对特定 FPGA 厂商的定制版本，集成在电路设计工具中，提供基本的仿真功能。SE 版和 OEM 版在功能和性能方面存在显著差别。SE 版提供了更多高级功能和优化，适用于复杂的电路设计和大规模的仿真任务。相比之下，OEM 版功能相对简化，主要专注于满足特定 FPGA 厂商的需求，提供基本的仿真功能和简单的集成环境。就仿真速度而言，以 Xilinx 公司提供的 OEM 版本 ModelSimXE 为例，对于代码少于 40 000 行的设计，ModelSim SE 比 ModelSim XE 要快约 10 倍；而对于代码超过 40 000 行的设计，ModelSim SE 要比 ModelSim XE 快约 40 倍。

4.3.2　ModelSim 窗口功能

ModelSim 软件有几个主要窗口，包括主窗口、数据流窗口、列表窗口、信号窗口、波形窗口等。

　　主窗口是用户在启动软件后首先看到的界面，也是所有窗口运行的基础。它主要由两个核心部分组成：工作区和脚本区，也称为命令控制区。工作区是用户进行仿真和项目管理的主要区域。在工作区中，用户可以控制当前工程的工作库和所有打开的数据集合。工作区提供了直观的界面和丰富的功能，使用户可以轻松地进行项目的管理和仿真操作。脚本区或命令控制区则是用户与 ModelSim 交互的主要界面。在这个区域，用户可以通过命令行方式输入所有 ModelSim 仿真命令，并实时获取命令执行的结果。通过命令控制区，用户可以执行各种仿真操作，如编译、运行仿真、查看波形，同时也可以进行项目的管理和配置。这种交互式的方式使用户能够更灵活地控制仿真过程，快速调试和验证设计。

　　数据流窗口是 ModelSim 软件中的一个重要功能模块，其主要作用是展示设计中各个信号、进程、寄存器等之间的数据流动情况。通过数据流窗口，用户可以跟踪设计中的物理连接、事件传播路径，还可以监视设计中各个部分的状态变化。这个窗口提供了对设计内部结构的全面了解，能够清晰地显示进程、信号、寄存器等组件，同时展示它们之间的内部连接关系。用户可以通过数据流窗口实时监测设计的状态，了解各个部分之间的数据传输情况，帮助用户快速定位问题和调试错误。数据流窗口的主要功能之一是进行追踪，即通过该窗口来查找导致意外输出的原因。在使用追踪功能时，用户通常会使用数据流窗口中嵌入的波形窗口。波形窗口的活动指针与数据流窗口相关联，移动指针可以影响数据流窗口中信号值的变化，使用户可以直观地观察信号的变化趋势。在数据流窗口中，用户可以轻松地跟踪一般信号的变化。通过双击鼠标左键，用户可以快速定位到感兴趣的信号，查看其当前数值及其随时间的变化情况。这种直观的操作方式使用户能够快速、准确地分析设计中的数据流动情况，从而更有效地进行仿真和调试工作。

　　列表窗口作为一种常见的数据展示方式，在仿真领域中扮演着重要的角色。其采用表格形式呈现数据，方便用户快速了解仿真结果，并支持对数据进行比较和分析。列表窗口通常被设计成可调整的结构，分为两个主要部分：右侧为信号列表，左侧为仿真运行时间及时间区间。在右侧的信号列表中，用户可以轻松查看仿真结果中各种信号的数据，这些数据可能包括电压、电流、频率等。而左侧则展示了仿真的运行时间，以及仿真所涵盖的时间范围，让用户了解仿真的时长和时间段。用户可以从主窗口中创建列表窗口的第二个副本，这为用户提供了更多的灵活性。用户可以对这两个列表窗口进行不同的设置，以便于进行仿真结果的比较和分析。这种功能对于工程师和研究人员来说非常实用，因为他们经常需要比较不同仿真方案的结果，以选择最优方案或者分析不同条件下的差异。列表窗口还支持在波形比较时对相应的数据进行列表对比。通过将两个或多个仿真结果显示在同一个列表窗口中，用户可以直观地比较各个信号在不同条件下的变化趋势，从而更深入地理解仿真结果，并做出相应的决策或优化。

　　信号窗口在仿真环境中扮演着关键的角色，其功能主要包括信号选择、层次切换，以及仿真过程中的信号控制。通过信号窗口，用户可以浏览和选择需要查看的信号，并在需要时进行信号值的强制变化，同时还能实现与源文件窗口的交互。信号窗口主要用于信号的选择。用户可以在信号窗口中浏览各个层次的设计结构，并根据需要选择感兴趣的信号。这种层次切换的设计使得用户可以从整体到细节逐步查看设计中的信号，有助于更全面地理解系统的运行机制。信号窗口具有与源文件窗口的交互功能。当用户在信号窗口中双击某个信号时，源文件窗口将会自动定位到相应的信号位置，并高亮显示，从而使用户能够快速定位到信号的定义位置，有助于深入分析信号的产生和变化过程。信号窗口还提供了对信号进行强制变化的功能。在仿真过程中，用户可能需要模拟某些特定情况下信号的变化，这时可以通过信号窗口进行信号值的强制修改。用户可以选择需要修改的信号，并手动输入所需的数值，从而实现对仿真过程的控制和调试。信号窗口还支持将任意信号强制成时钟信号的操作。这对于某些需要同步操作的仿真场景非常有用，用户可以将某个信号强制指定为时钟信号，以确保系统在仿真过程中按照指定的时钟频率运行，从而更准确地模拟系统的行为。

波形窗口在仿真环境中提供了一种直观而有效的方式来展示仿真结果，使用户能够更清晰地了解信号的变化趋势和系统的行为。与列表窗口相比，波形窗口更注重对信号波形的可视化呈现，为用户提供了更加直观的仿真结果。波形窗口能够显示信号名称及其路径，使用户能够清晰地了解每个信号的来源和定义位置。这种信息的展示有助于用户快速定位到感兴趣的信号，并厘清信号之间的关系，从而更好地理解系统的结构和运行原理。波形窗口能够显示信号的当前值及波形。通过实时更新的信号数值和波形图，用户可以直观地观察到信号随时间的变化情况，从而深入分析系统的动态行为。这种直观的数据展示方式使用户能够更加全面地了解仿真结果，发现潜在的问题或优化方向。波形窗口具有添加项目的功能，用户可以根据需要向波形窗口中添加不同的信号项目，以便于同时查看多个信号的波形，并进行比较分析。这种灵活的信号管理方式为用户提供了更多的选择和自定义空间，有助于满足不同用户的仿真需求。波形窗口还支持使用光标对信号的时间区间进行测量。用户可以通过拖动光标或指定时间范围，对特定信号在某段时间内的数值进行精确测量，从而更加准确地分析信号的特性和行为规律。

4.4　仿真工具软件 Quartus

4.4.1　Quartus 简介

Quartus 是英特尔公司开发的一款前沿的 FPGA 设计软件，旨在通过提供一个集成化的开发环境来简化和加速数字电路的设计过程。这款软件的核心功能涵盖了数字逻辑电路设计的全过程，从最初的设计输入到最终的硅片制造，包括设计的仿真、综合、布局布线等关键环节。Quartus 的设计亮点在于提高设计效率和灵活性，使得数字电路设计师能够更快地将创意转化为可实施的解决方案。Quartus 支持多种编程语言，其中最为突出的是 VHDL 和 Verilog。这两种硬件描述语言在电路设计领域被广泛使用，它们允许设计师以文本形式描述电路的功能和行为。Quartus 对这些语言的全面支持，意味着设计师可以选择最适合项目需求的语言进行设计，从而确保设计的灵活性和可维护性。

除了支持多种编程语言外，Quartus 还提供了一个丰富的功能和工具库，这使得它能够满足从学术研究到商业应用等不同级别、不同规模的数字电路设计需求。这些工具包括但不限于逻辑综合工具、时序分析器、功耗分析器，以及用于电路仿真的模拟器。通过这些工具，Quartus 能够帮助设计师在设计过程中识别并解决各种潜在的问题，从而提高设计的可靠性和性能。

在数字逻辑电路的设计与仿真方面，Quartus 提供了一个高效的流程，使设计师能够快速验证他们的设计概念。通过在软件中模拟电路的行为，设计师可以在不需要物理原型的情况下测试电路的功能，加速了设计的迭代和优化过程。此外，Quartus 的综合工具能够自动将高层次的设计描述转化为可以在 FPGA 上实现的低层次逻辑表示，这一过程中还会对电路进行优化，以确保最终设计的效率和性能。

布局布线是 Quartus 的另一个重要功能，它涉及将电路中的逻辑元件在芯片上的物理位置进行优化布局，并规划它们之间的连接路径。这一过程考虑了电路的面积、功耗、时序和电磁兼容性等多个因素，旨在实现电路设计的最优物理实现。Quartus 的自动布局布线功能能够大幅减小设计人员在这一阶段的工作量，同时还提供了手动调整工具，以便设计人员根据需要对布局布线结果进行微调。

4.4.2　Quartus 的功能

Quartus 作为一种专业的 FPGA 设计软件，具有以下主要功能。

1. 数字电路设计

在现代电子工程领域，数字电路设计是构建任何高性能计算和通信系统都不可或缺的一部分。为了应对日益增长的设计复杂性，电子设计自动化（EDA）工具提供了一套全面的解决方案，使得设计师能够更加高效地实现数字逻辑电路的设计、仿真和优化。Quartus 特别支持多种编程语言，包括但不限于 VHDL 和 Verilog，这些语言在数字电路设计中的应用极为广泛，它们使得设计师能够以高层次的方式描述电路的功能和行为。

Quartus 为用户提供了一个标准的图形界面，使得设计、仿真和综合过程直观易操作。设计师可以通过图形界面直观地创建和修改电路设计，同时，对于那些更偏好代码编辑的用户，Quartus 也提供了强大的代码编辑器，支持语法高亮、代码补全等功能，使得编写 VHDL 或 Verilog 代码变得更加高效。这种灵活性确保了不同习惯的设计师都能在 Quartus 中找到最适合自己的工作方式。

Quartus 内置的综合器是其核心功能之一，它可以将设计师使用 VHDL 或 Verilog 编写的高层次描述转换成可以在 FPGA 上实际实现的低层次逻辑结构。这一过程不仅是对代码的直接翻译，综合器还会进行逻辑优化，包括简化逻辑表达式、优化逻辑门的使用等，以减少所需资源的数量，提高电路的性能。此外，综合过程还会考虑到时序约束，确保电路的实际运行符合设计要求。

仿真是另一个关键环节，它允许设计师在物理实现之前验证电路设计的正确性和性能。Quartus 内置的仿真器能够模拟电路在不同输入条件下的行为，包括对电路的功能验证和时序分析。设计师可以使用仿真器来检测和修正电路设计中的逻辑错误，优化电路的性能，并确保电路能够在预定的时序约束下正常工作。通过仿真，设计师可以在早期阶段发现问题，从而避免在电路制造后再进行修改。

Quartus 还提供了一系列的优化工具，帮助设计师进一步提高电路的性能和减少资源消耗。这些工具能够在保证电路功能正确的前提下，对电路进行重构和调整，以达到最优的功耗和面积使用。此外，Quartus 还支持电路的功耗分析，使得设计师能够评估和优化电路的能耗，这对于便携设备和电池驱动的应用尤为重要。

2. 综合和布局

在数字电路设计的复杂过程中，综合和布局阶段扮演着至关重要的角色，尤其是在利用现代电子设计自动化工具进行 FPGA 器件设计时。这两个阶段的核心任务是将设计师的高层次逻辑电路描述转化为可以在特定 FPGA 器件上实现的具体逻辑网络，同时确保电路满足所有的性能和时序约束。Quartus 通过提供先进的综合和布局功能，大大简化了这一过程，使得设计师能够高效地完成电路设计，优化电路性能，并确保电路的可靠性和稳定性。

在综合阶段，Quartus 采用一系列复杂的算法将高层次逻辑描述为低层次逻辑网络。这一过程不仅包括基础的逻辑综合，还涉及对电路进行优化，以最小化延时和满足设计中的时序约束。通过智能选择逻辑元件和配置逻辑网络，Quartus 能够生成高效率电路实现，从而提高 FPGA 的性能并降低功耗。这一过程中，Quartus 会考虑 FPGA 器件的特定特性和资源限制，确保综合结果能够被有效地映射到器件上。

Quartus 还提供了对电路时序约束的全面支持。设计师可以在设计阶段明确指定电路的时序要求，如特定路径的最大延迟，Quartus 将在综合过程中考虑这些约束，自动优化逻辑网络以满足时序要求。这包括调整逻辑门的排列和选择，以及优化信号路径，从而确保电路在实际运行中的时序正确性和稳定性。

进入布局阶段后，Quartus 的任务是将综合后的逻辑网络映射到 FPGA 器件的物理结构上，并进行布局优化。在这一过程中，Quartus 采用先进的布局算法，自动地将逻辑元件放置到 FPGA 的物理位置上，同时规划元件之间的连接路径。布局算法会考虑电路的性能要求，如减少关键信号路径的长度，优化电源和地线的布局，以减小电磁干扰和提高电路的稳定性。Quartus 还提供了布局的手动调整功能，允许设计师根据需要对自动布局结果进行微调。这种灵活性对于满足特定的设计要求和优化电路性能至关重要。设计师可以根据电路的实际运行情况，调整关键元件的位置，优化信号路径，甚至重新配置逻辑元件的布局，以达到最佳的电路性能。

3. 器件编程和调试

在集成电路设计与实现的过程中，器件编程和调试阶段是确保设计正确实现并高效运行的关键环节。利用先进的电子设计自动化工具设计人员能够以更加直观和高效的方式对目标芯片进行编程、调试和测试。Quartus 为用户提供了灵活的芯片编程方式，包括但不限于 JTAG 和 USB，这些编程接口支持设计人员能够轻松地将设计下载到芯片中，并进行实时的调试和测试。

JTAG 接口作为一种常用的编程和调试接口，因其稳定性和灵活性而被广泛应用于 FPGA 及其他数字电路的开发中。通过 Quartus 和 JTAG 接口，设计人员可以在不影响目标芯片正常工作的情况下，直接对芯片进行程序下载、数据通信及实时调试，简化了开发流程，提高了调试效率。同样，USB 接口也提供了一种便捷的方式，使得设计人员可以快速地将设计配置到 FPGA 芯片上，进行即时的测试和验证。

除了支持多种芯片编程方式之外，Quartus 还提供了一套丰富的调试工具和分析报告功能。这些工具和报告为设计人员在设计过程中提供了全面的监控和评估能力，帮助他们准确地识别和解决设计中可能出现的问题。其中，逻辑分析仪是 Quartus 中一种强大的调试工具，它允许设计人员在 FPGA 内部捕捉和分析实时信号，无须外部测试设备。这种内嵌式的逻辑分析能力，使得设计人员能够更加深入地理解芯片内部的逻辑行为，有效地进行故障诊断和性能优化。

Quartus 还提供了详细的时序分析报告和资源利用率报告。时序分析报告帮助设计人员评估电路设计是否满足预定的时序要求，识别可能导致时序违规的信号路径。而资源利用率报告则展示了设计在 FPGA 芯片中的资源占用情况，包括逻辑单元、寄存器、I/O 端口等的使用情况，从而使设计人员可以针对性地进行资源优化，确保设计的高效实现。

器件编程和调试阶段是集成电路设计流程中不可或缺的一部分。通过 Quartus 提供的灵活编程方式和强大的调试工具，设计人员能够有效地将设计实现在目标芯片上，并对设计进行全面的监控和评估。这些功能不仅加速了设计的实现过程，还提高了设计的准确性和可靠性，确保了设计能够满足日益增长的性能和功能需求。随着 Quartus 等 EDA 工具的不断发展和完善，数字电路的设计和实现将变得更加高效和灵活，推动电子技术的进一步创新和发展。

4.4.3　Quartus 的应用

Quartus 的应用覆盖了通信、计算机、航空航天、医疗和军事等多个关键行业。

在通信领域，Quartus 的应用尤为广泛。随着无线通信技术的快速发展，对高性能数字信号处理（DSP）电路的需求日益增长。Quartus 通过支持复杂的 DSP 算法实现和优化，使得无线电和卫星通信设备能够实现更高的数据传输速率和更好的信号质量。例如，利用 Quartus，设计师可以开发出高效的 FPGA 解决方案，用于实现先进的调制解调技术和信号校正算法，从而提高通信系统的性能和可靠性。

在计算机领域，Quartus 同样展现了其强大的能力。随着计算需求的不断增长，高速缓存、内存控制器、高速总线等核心组件的设计变得越来越关键。Quartus 提供了一套完整的设计和优化工具，帮助设计师实现这些关键组件的高效设计。

在航空航天领域，Quartus 的应用同样不可忽视。这个领域对电子系统的可靠性和耐用性要求极高，Quartus 通过提供先进的设计验证和故障诊断工具，帮助设计师开发出满足严苛环境要求的电路解决方案。此外，Quartus 支持的低功耗设计技术，也使其成为开发卫星和其他空间探测器件中电子系统的理想工具。

在医疗领域，Quartus 被用于开发各种控制和诊断设备，如医疗成像系统和远程监控设备。而在军事领域，Quartus 支持的高级加密和安全功能，使其成为开发安全通信系统、导航控制系统等关键军事设备的理想选择。

　　总的来说，Quartus 作为一款全面的 FPGA 设计软件，其强大的功能和灵活的设计环境，使其成为数字电路设计师在各个领域中不可或缺的工具之一。Quartus 不仅支持多种编程语言，提供丰富的功能和工具库，还通过其先进的设计、仿真和优化功能，极大地提高了电路设计的效率和质量，缩短了产品的开发周期，推动了电子技术的创新和发展。随着技术的不断进步，Quartus 在未来数字电路设计和实现领域的应用将更加广泛，为实现更加复杂、高性能的电子系统提供强有力的支持。

第5章 基本数字电路的 EDA 实现

对于功能或结构复杂的数字电路，都可以通过设计前的设计分析将功能与结构分解为常用的逻辑单元电路。例如一个数字钟电路，其基本结构如图 5-1 所示。

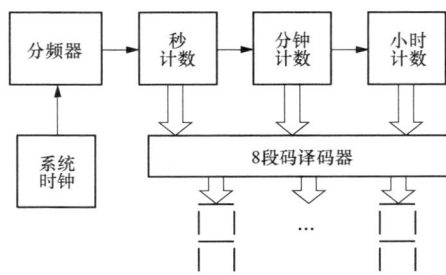

图 5-1 数字钟电路基本结构图

图中，系统时钟通常是一个高频率的时钟信号，如常见的 50 MHz 时钟。然而，当需要在数字钟电路中实现秒、分、时的计数功能时，将这个高频率的时钟信号通过分频器进行分频，以获得符合要求的频率。

需要将高频的时钟信号分频到 1 Hz，以满足秒钟计数器的要求。这意味着需要将时钟信号的频率降低到每秒钟 1 个脉冲。一旦得到了 1 Hz 的时钟信号，它将控制秒钟计数器的运作。秒钟计数器是一个六十进制递增计数器，它在每个时钟脉冲到来时递增一次，当计数达到 60 时，它将发送一个进位信号给下一个级别的计数器，即分钟计数器。分钟计数器将接收来自秒钟计数器的进位信号，它同样是一个六十进制递增计数器。当分钟计数器的计数达到 60 时，它将发送一个进位信号给小时计数器。小时计数器是一个二十四进制递增计数器，它在接收到来自分钟计数器的进位信号时递增一次。通过合理的分频和计数器设计，实现了一个完整的时钟系统，能够精确地计算秒、分、时。然而，要将这些计数器的输出显示在八段数码管上，还需要经过进一步的处理。通常，需要使用八段译码器将计数器的输出转换成适合控制数码管的信号。八段译码器将接收来自计数器的输出，并将其转换成相应的控制信号，以便在数码管上显示相应的数字。

图 5-1 展示了数字钟这种复杂的数字电路结构，经过功能分解后只需掌握计数器和译码器这两种常用逻辑电路即可进行设计。因此，作为数字电路 EDA 设计的基础，本章将重点介绍基本数字电路的 VHDL 描述方法。

5.1 基本门电路的设计

本节将以与门、或门和异或门为例介绍如何使用 VHDL 描述这些基本门电路。与门、或门和异或门是数字电路中最基本的逻辑门之一，它们能够实现输入输出之间的逻辑关系，并且在数字系统的设计中扮演着重要的角色。真值表如表 5-1 所示。

表 5-1　门电路真值表

输入信号		输出		
		与门	或门	异或门
A	B	C	C	C
0	0	0	0	0
0	1	0	1	1
1	0	0	1	1
1	1	1	1	0

用 VHDL 描述基本门电路，有两种基本方法：查表法与逻辑算符法。

【例 5-1】用查表法实现表 5-1 所示的真值表。

```
LIBRARY IEEE;
USE IEEE.STD_LOGIC_ 1164.ALL;
ENTTTY  gates  IS
  PORT(              a,b:IN STD_LOGIC;
        cand,cor,cxor:OUT STD_LOGIC);
END gates;
ARCHITECTURE a OF gates IS
SIGNAL din:STD_LOGIC_VECTOR(1 DOWNTO 0);
BEGIN
  din<=a&b;
  PROCESS(a,b)
  BEGIN
    CASE din IS
    WHEN"00"=>cand<='0;cor<=0';cxor<='0;
WHEN"01"=>cand<='0';cor<='1';cxor<='1';
WHEN"10"=>cand<='0';cor<='1';cxor<='1;
WHEN"11"=>cand<='1';cor<='1';cxor<='0;
WHEN OTHERS=>null;
  END CASE;
 END PROCESS;
END a;
```

在描述数字电路时，可以采用不同的风格和方法。在【例 5-2】中，直接使用了逻辑算符（如 AND、OR、XOR），这种方法更加直接和简洁。相比之下，例 5-1 中使用了 CASE 语句对各种输入取值进行了罗列，相当于直接描述了真值表。使用逻辑算符的方法更加符合数学表达式的形式，使得逻辑电路的描述更加直观和易懂。例如，在描述与门时，直接使用"Y<= A AND B"的形式，清晰地表达了当输入 A 和 B 同时为 1 时，输出 Y 为 1；而在使

用 CASE 语句时，则需要分别列出所有可能的输入取值，稍显繁琐。但使用 CASE 语句的方法在某些情况下可能更加灵活。特别是当逻辑功能比较复杂、输入输出关系不规律时，使用 CASE 语句可以更清晰地描述各种情况下的逻辑关系，使得电路的行为更加容易理解。

【例 5-2】用逻辑算符法实现表 5-1 所示的真值表。

```
LIBRARY IEEE;
USE IEEE.STD_LOGIC_1164.ALL;
ENTITY  gates  IS
  PORT(              a,b:IN STD_LOGIC;
    cand,cor,cxor:OUT STD_LOGIC);
END gates;
ARCHITECTURE a OF gates IS
BEGIN
    cand<=aAND b;
    cor<=a ORb;
    cxor<=a XOR b;
END a;
```

5.2 触发器的设计

触发器是数字电路中一种具有记忆功能的重要元件，它可以存储两种不同的状态："0"或"1"。这种记忆功能使得触发器在数字系统设计中起到了关键作用，在计数器、寄存器等电路中常被广泛应用。触发器的特性之一是其同步触发机制。这意味着触发器只有在特定的时钟脉冲上升沿到来时才会改变储存的状态，而在其他时刻触发器是被"锁住"的，即保持之前的状态不变。这种同步性保证了系统的稳定和可靠性，在时钟脉冲的控制下，触发器能够准确地进行状态转换。D 触发器是最常用的触发器之一，它具有简单的结构和稳定的性能。其他种类的触发器，如 JK 触发器、T 触发器，都可以由 D 触发器外加一部分组合逻辑电路转换而来。这种转换过程通过组合逻辑电路实现，根据不同的输入条件和时钟信号，将 D 触发器的输出和输入进行组合，从而得到其他类型的触发器。

基本触发器的特征方程为：

$$Q_{n+1} = D$$

（5-1）

基本的 D 触发器包括数据输入端 d、时钟输入端 clk 和输出端 q，这些构成了最基本的 D 触发器的功能。然而，在实际应用中，为了增加灵活性和功能性，通常会为 D 触发器添加复位信号、置位信号、使能信号等控制信号。这些控制信号可以设计为异步或同步控制功能，它们的区别在于控制信号是否需要在时钟到达时才有效。异步复位和异步置位是常见的控制信号，它们的特点在于不需要等待时钟信号的上升沿即可立即生效。异步复位表示只需要复位端有效，触发器的输出端 q 就立即清零，而不需要等待时钟信号的到来。异步置位表示只需要置位端有效，触发器的输出端 q 就立即置位，而不需要等待时钟信号的到来。这种异步控制的特性使得触发器的状态可以根据控制信号的变化而改变，而不受时钟信号的影响。当异步复位端和异步置位端同时有效时，会导致触发器的输出状态处于不定的状态。这是因为复位和置位信号同时生效会造成触发器内部的竞争条件，导致输出端 q 无法确定其状态。因此，在设计中需要避免异步复位端和异步置位端同时有效的情况，以确保触发器的正常工作。

由于硬件实际情况的复杂性，系统刚开始工作时可能无法确保处于所需的初始状态。这可能会导致系统在启动时产生不确定的结果，从而影响系统的稳定性和可靠性。为了解决这一问题，通常会引入异步复位信号或异步置位信号。当异步复位信号有效时，意味着触发器需要立即恢复到预定义的初始状态。在这种情况下，输出端立即被强制为"0"。这样，无论系统处于何种状态，一旦触发器接收到异步复位信号，就会立即将输出端置为"0"，从而确保系统从一个可控的状态开始工作。这种机制可以有效地解决系统刚开始工作时可能出现的不确定性问题，提高系统的可靠性和稳定性。当异步置位信号有效时，触发器的输出端立即被设置为"1"。这意味着在系统启动时，可以通过使异步置位信号有效来确保输出端处于所需的高电平状态。这样，在系统启动时就能够将触发器的输出端置为"1"，从而满足特定的需求和预期的状态。

在数字系统设计中，带有复位信号、置位信号和使能信号的 D 触发器除了基本的数据输入端 d、时钟输入端 clk 和输出端 q 之外，还需要增加复位信号端 $clrm$、置位信号端 prm 和使能输入端 ena。这些信号的引入使得 D 触发器具有了更大的灵活性和功能性。考虑一个带有异步复位/置位端和同步使能的 D 触发器。异步复位/置位端允许除时钟信号到达时之外，通过设置复位信号或置位信号，立即将输出端 q 置为"0"或"1"，以确保系统处于所需的初始状态。而同步使能信号则允许在时钟信号到达时，根据使能信号的状态来决定是否允许数据输入信号 d 的更新，其真值表见表 5-2。

表 5-2　异步复位/置位端、同步使能 D 触发器真值表

输入端					输出端
prn	clm	ena	clk	d	q
0	1	X	X	X	1
1	0	X	X	X	0
0	0	X	X	X	X
1	1	0	↑（上升沿）	X	qn
1	1	1	↑	1	1
1	1	1	↑	0	0

从表 5-2 中可以观察到，D 触发器的输出在不同的情况下表现出不同的状态。当预置位端 prn（或复位端 $clrm$）有效时（低电平），无论时钟和数据输入信号 d 的电平如何，输出都会被设置为高电平（或低电平）。而当这两个信号同时有效时，即预置位端与复位端同时处于低电平状态时，输出的状态是不确定的，用"X"表示。这种特性在数字系统设计中非常重要，因为

它可以确保在系统启动时触发器的状态处于预期的初始状态。同时，当预置位端 *prm* 和复位端 *clrm* 均无效时，随着时钟信号的上升沿到来，输出的逻辑状态将与数据输入端 *d* 的逻辑值相同。为了实现表 5-2 所示的逻辑功能，可以使用 VHDL 编程语言编写相应的程序。

5.3　编码器的设计

在数字系统中，处理来自外部的输入信号是至关重要的。这些输入信号常常以一种二进制位的形式呈现，即高电平或低电平信号。然而，数字系统需要能够区分和处理多个不同电平的输入信号，这就需要使用编码器来解决。编码器的作用是将每个输入信号映射到相应的二进制码，以便数字系统能够正确识别和处理这些信号。编码过程是按照一定的规律将每个输入信号分组，并为每组分配特定的二进制码。这样，每个二进制码就代表了一个特定的输入信号。这种编码方法使得数字系统能够通过检查输入信号的二进制码来准确识别来自外部的不同信号。在数字系统中，当多个信号同时到达并需要处理时，必须根据事先确定的处理顺序进行处理。为了确定每个信号的处理顺序，以及为其分配相应的二进制码，可以使用优先编码器。优先编码器是一种逻辑单元电路，它能够根据预先设定的优先级别判断每个输入信号的重要程度，并为其分配相应的编码。通过优先编码器，数字系统可以根据信号的重要程度对其进行排序和编码，以确保系统能够及时而准确地响应不同的输入信号。这种编码和处理方法为数字系统的高效运行提供了关键支持，使得系统能够快速而可靠地处理各种输入情况，从而实现各种功能和任务。

5.3.1　BCD 编码器

一种十进制数字到 BCD 编码的转换器通常称为 BCD 编码器。在一个系统中，如果有 10 个输入信号，每一个对应着一个十进制数字，且这些输入信号都是低电平有效的，那么需要设计一个编码器来将这些输入信号转换成相应的 BCD 编码。该电路的真值表如表 5-3 所示。用来描述该编码器的 VHDL 程序见例 5-3。

【例 5-3】BCD 编码器设计。

```
LIBRARY IEEE;
USE IEEE.STD_LOGIC_1164.ALL;
ENTITY coder IS
    PORT(d:IN STD_LOGIC_VECTOR(0 to 9);
        b:OUT  STD_LOGIC_VECTOR(3  downto  0));
END  coder;
ARCHITECTURE  one  OF  coder  IS
BEGIN
WITH d select
b<="0000"        WHEN "0111111111",
"0001"           WHEN"1011111111",
"0010"           WHEN"1101111111",
"0011"           WHEN "1110111111",
"0100"           WHEN "1111011111",
"0101"           WHEN "1111101111",
"0110"           WHEN"1111110111",
"0111"           WHEN"1111111011",
"1000"           WHEN "1111111101",
"1001"           WHEN "1111111110",
"1111"           WHEN  others;
END one;
```

图 5-2 展示了对该编码器进行的仿真结果，尽管只给出了部分仿真数据，但可以明显看出输入的 10 路信号和输出的 BCD 码之间的对应关系符合

表 5-3 所示的逻辑关系。在仿真结果中，每当有一个输入信号被激活时，对应的 BCD 编码输出位会相应地被置位，而其他位则保持为零。这种对应关系的正确性验证了编码器的功能符合预期，能够准确地将输入信号转换成相应的 BCD 编码输出。通过观察仿真结果，可以确认编码器在各种输入情况下的行为是否正确，这对于验证设计的准确性和功能的正确性至关重要。在仿真中，能够看到每个输入信号的变化如何影响输出的 BCD 编码，从而验证编码器的逻辑是否符合设计要求。

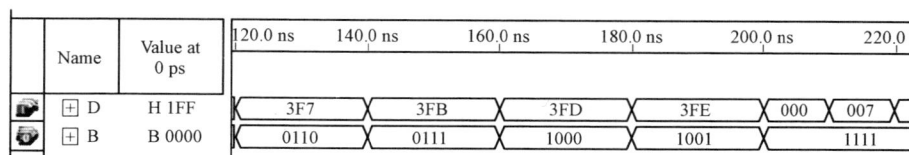

图 5-2　BCD 编码器仿真结果

表 5-3　BCD 编码器真值表

输入信号										Hex	输出 BCD 码			
D0	D1	D2	D3	D4	D5	D6	D7	D8	D9		B3	B2	B1	B0
0	1	1	1	1	1	1	1	1.	1	1FF	0	0	0	0
1	0	1	1	1	1	1	1	1	1	2FF	0	0	0	1
1	1	0	1	1	1	1	1	1	1	37F	0	0	1	0
1	1	1	0	1	1	1	1	1	1	3BF	0	0	1	1
1	1	1	1	0	1	1	1	1	1	3DF	0	1	0	0
1	1	1	1	1	0	1	1	1	1	3EF	0	1	0	1
1	1	1	1	1	1	0	1	1	1	3F7	0	1	1	0
1	1	1	1	1	1	1	0	1	1	3FB	0	1	1	1
1	1	1	1	1	1	1	1	0	1	3FD	1	0	0	0
1	1	1	1	1	1	1	1	1	0	3FE	1	0	0	1
其他输入取值											输出保持不变			

在硬件验证例 5-3 所示程序的 BCD 编码器功能时，有一系列步骤和注意事项。

① 确定管脚对应关系是至关重要的，这确保了输入和输出信号正确连

接到 CPLD 电路板上。在这个例子中，输入信号 $d9 \sim d0$ 与按键 $K9 \sim K0$ 一一对应，输出信号 $b3 \sim b0$ 与发光二极管 $D3 \sim D0$ 一一对应。

② 需要使用 Quartus II 进行管脚分配，以确保输入和输出信号正确地连接到 MAX II 芯片的相应管脚上，这有助于保证信号的正确传输和处理。

③ 定义电平是十分重要的。根据说明，当按键 $K9 \sim K0$ 按下时，相当于输入信号为低电平；而 $D3 \sim D0$ 的亮表示输出信号对应位的电平为 "1"，而灭则表示为 "0"。这个定义对于正确理解输入和输出信号的关系至关重要。

④ 进行输入验证是非常关键的步骤。以按下 $K1$ 为例，根据逻辑功能，当输入信号 d1 为 "0" 时，输出应显示为 "0001"。通过观察输出是否符合预期的 BCD 编码输出，可以验证程序的逻辑功能是否正确。在进行硬件验证时，需要特别注意检查每个输入信号的对应输出是否正确，以及是否存在任何异常情况。也要确保信号传输的稳定性和可靠性，以保证整个系统的正常运行。通过观察硬件验证的结果，如果输出符合预期的 BCD 编码输出，即表示程序能够实现 BCD 编码器的逻辑功能。这种硬件验证能够提供实际的证据，证明编码器的设计是可行的，并且在实际应用中能够正确地将输入信号转换成相应的 BCD 编码输出。

5.3.2　格雷码编码器

自然 BCD 码是一种对十进制数字进行编码的方式，每一位都有特定的权值，使得它们可以用于比较大小和进行十进制与 BCD 码之间的转换。然而，尽管自然 BCD 码在很多方面都具有优势，但在转换过程中也存在一些潜在的问题，其中最典型的就是可能出现的瞬间误码。瞬间误码通常发生在从一个 BCD 码组变换到另一个码组的转换过程中，特别是当相邻码不同的位需要多位变化时。一个典型的例子是从 "0111" 变化为 "1000"，这种转换需要所有位都发生变化。假设最低位由 1 变为 0 的速度快于其他位的变化速度，那么在变化过程中可能会出现瞬间的输出编码为 "0110"。这种情况下，就有可能导致误判，将原本应该是 "1000" 的编码错误地识别为 "0110"，进而产生误判。这种瞬间误码可能会给系统带来严重的影响，尤其是在对输入信号进行快速变化检测的应用中，如传感器信号处理或者数字通信等。误判可能会导致系统的错误行为，从而降低系统的可靠性和稳定性。为了解决瞬间误码问题，可以采取一些措施来提高系统的稳定性和抗干扰能力。例如，可以采用滤波器来平滑输入信号的变化，减少突然的干扰；或者在系统设计中引入延迟，使得输入信号的变化不会立即反映到输出上，从而给系统足够的时间来稳定。在数字电路设计中，还可以采用一些技术来减少瞬间误码的发生。例如，可以使用状态机或者时序逻辑来确保输出信号的稳定性，避免出现不同位变化速度不同的情况。如图 5-3 所示。

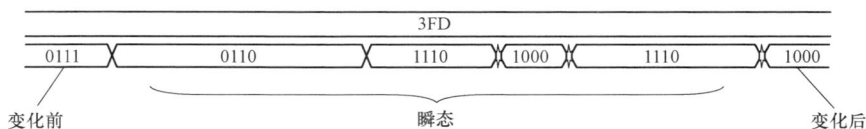

图 5-3　BCD 编码变化过程中出现的瞬态仿真结果

Gray 码是一种常用的编码方式，其特点是相邻的两个码组之间只有一位不同。这种编码方法的优点在于，在码与码之间的变化过程中，不会出现瞬态，因此减少了不同码组之间的干扰。这使得 Gray 码在数字电路设计中得到广泛应用。例 5-4 中给出了一种用 VHDL 描述 Gray 码的程序。该程序使用了 CASE 语句来描述编码过程。在这个例子中，通过 CASE 语句实现了根据输入信号的不同状态生成相应的 Gray 码输出。除了使用 CASE 语句，还可以使用 WITH-SELECT 语句来实现相同的编码过程。WITH-SELECT 语句是 VHDL 中的一种条件分支语句，可以根据输入的不同情况选择相应的操作。虽然实现方式不同，但通过 WITH-SELECT 语句也能得到与 CASE 语句相同的仿真结果。无论是使用 CASE 语句还是 WITH-SELECT 语句，这两种方法都能很好地描述 Gray 码的编码过程。它们提供了一种清晰且有效的方式来实现数字电路中的逻辑功能。通过这些 VHDL 程序，工程师们能够更加方便地进行数字电路设计和仿真，从而确保设计的正确性和稳定性。

【**例 5-4**】格雷码编码器的 VHDL 程序。

```
LIBRARY IEEE;
USE IEEE.STD_LOGIC_1164.ALL;
ENTITY coder IS
  PORT(d:IN STD_LOGIC_VECTOR(9 downto 0);
       b:OUT STD_LOGIC_VECTOR(3 downto 0));
END coder;
ARCHITECTURE one OF coder IS
    BEGIN
    PROCESS(d)
       BEGIN
       CASE d IS
       WHEN "0111111111"=>b<="1101";
       WHEN"1011111111"=>b<="1100";
       WHEN"1101111111"=>b<="0100";
       WHEN "1110111111"=>b<="0101";
       WHEN"1111011111"=>b<="0111";
       WHEN"1111101111"=>b<="0110";
       WHEN "1111110111"=>b<="0010";
       WHEN"1111111011"=>b<="0011";
       WHEN"1111111101"=>b<="0001";
       WHEN"1111111110"=>b<="0000";
       WHEN others=>null;
       END CASE;
    END PROCESS;
    END one;
```

在进行例 5-4 所示程序的硬件验证时，需要按照一系列步骤进行，以确保程序能够正确实现格雷码编码器的逻辑功能。

确定管脚对应关系，这是将输入和输出信号正确连接到 CPLD 电路板上的关键步骤。在这个例子中，输入信号 $d9 \sim d0$ 对应按键 $K9 \sim K0$，而输出信号 $b3 \sim b0$ 对应发光二极管 $D3 \sim D0$。使用 Quartus II 进行管脚分配是必要的，以确保输入和输出信号正确地连接到 MAX II 芯片的相应管脚上。这有助于保证信号的稳定传输和处理。根据说明，当按键 $K9 \sim K0$ 按下时，相当于输入信号为低电平；而 $D3 \sim D0$ 的亮表示输出信号对应位的电平为 "1"，而灭则表示为 "0"。这样的定义能够清晰地观察输出信号的变化。进行输入验证是非常关键的步骤。以按下 $K1$ 为例，根据格雷码编码规则，当输入信号 $d1$ 为 "0" 时，输出应显示为 "0001"。通过观察输出是否符合预期的格雷码输出，可以验证程序的逻辑功能是否正确。在进行硬件验证的过程中，需要特别留意每个输入信号的对应输出是否正确，以及是否存在任何异常情况。同时，也要确保信号传输的稳定性和可靠性，以保证整个系统的正常运行。通过观察硬件验证的结果，如果输出符合预期的格雷码输出，即表示例 5-4 所示程序能够验证译码器的逻辑功能。这种验证为系统的正确性提供了实际的证据，确保了编码器在实际应用中的可靠性和稳定性。

5.4　译码器的设计

译码是编码的逆过程，其主要功能是根据输入的二进制编码确定哪一路输出信号有效。在数字电路设计中，译码器是一种常见的逻辑单元电路，其输入通常为二进制编码，而输出则是相互独立的多路输出信号。通过译码器，可以将输入的二进制编码转换为相应的输出信号。在数字系统中，经常需要根据不同的输入编码来控制不同的输出信号。译码器不仅可以将一种编码转换为独立的输出信号，还可以用于实现码制转换的功能。这种功能在数字通信和数据处理领域中尤其重要，能够实现不同数据格式之间的兼容性和互操作性。译码器的设计通常基于特定的逻辑门电路，根据输入编码的不同组合，译码器能够选择相应的输出信号通路。因此，译码器的设计需要考虑输入编码的种类和组合情况，以及输出信号的数目和对应关系。

5.4.1　二进制译码器

二进制译码器，又称为变量译码器，是一种常见的逻辑电路，其功能是将输入的 N 位二进制编码转换为 2^N 个互相独立的输出信号。以 3-8 译码器为例，这种译码器接受 3 位二进制编码作为输入，而其输出有 8 路信号，根据输入的 3 位编码来决定哪一路输出信号有效。在 3-8 译码器的真值表中，$S3$、$S2$、$S1$ 是 3 个使能信号，它们对应着输入的 3 位二进制编码。表 5-4 列出了所有可能的输入组合以及相应的输出情况。例如，当输入编码为 000 时，只有第一个输出信号有效；当输入编码为 001 时，只有第二个输出信号有效；以此类推，依次类推，直到输入编码为 111 时，所有 8 路输出信号均有效。通过 3-8 译码器，可以根据不同的输入编码选择相应的输出信号通路，从而实现信号解析和控制。这种译码器在数字系统中有着广泛的应用，例如在地址解析、数据选择和控制逻辑等方面都能够发挥重要作用。

表 5-4　3-8 译码器真值表

输入					输出							
$S3+S2$	$S1$	C	B	A	$\overline{Y}_0$	$\overline{Y}_1$	$\overline{Y}_2$	$\overline{Y}_3$	$\overline{Y}_4$	$\overline{Y}_5$	$\overline{Y}_6$	$\overline{Y}_7$
0	1	0	0	0	0	1	1	1	1	1	1	1
0	1	0	0	1	1	0	1	1	1	1	1	1
0	1	0	1	0	1	1	0	1	1	1	1	1
0	.1	0	1	1	1	1	1	0	1	1	1	1
0	1	1	0	0	1	1	1	1	0	1	1	1
0	1	1	0	1	1	1	1	1	1	0	1	1
0	1	1	1	0	1	1	1	1	1	1	0	1
0	1	1	1	1	1	1	1	1	1	1	1	0
×	0	×	×	×	1	1	1	1	1	1	1	1
1	×	×	×	×	1	1	1	1	1	1	1	1

例 5-5 是不带使能信号的 3-8 译码器的 VHDL 描述，该程序使用了并

行语句进行描述。

【例 5-5】不带使能信号的 3-8 译码器的 VHDL 描述。

```
LIBRARY IEEE;
USE IEEE.STD_LOGIC_1164.ALL;
ENTITY decoder IS
PORT(c,b,a:IN STD_LOGIC;
            y:OUT STD_LOGIC_VECTOR(7 downto 0));
END decoder;
ARCHITECTURE one OF decoder IS
BEGIN
  y(0)<='0' WHEN (c='0')and (b='0')and (a='0')else '1';
  y(1)<='0' WHEN (c='0')and (b='0')and (a='1')else '1';
  y(2)<='0' WHEN (c='0')and (b='1')and (a='0')else '1';
  y(3)<='0' WHEN (c='0')and (b='1')and (a='1')else '1';
  y(4)<='0' WHEN (c='1')and (b='0')and (a='0')else '1';
  y(5)<='0' WHEN (c='1')and (b='0')and (a='1')else '1';
  y(6)<='0' WHEN (c='1')and (b='1')and (a='0')else '1';
  y(7)<='0' WHEN (c='1')and (b='1')and (a='1')else '1';
END one;
```

通过仔细观察图 5-4 的 3-8 译码器的仿真结果，可以发现仿真结果与表 5-4 所示的逻辑功能一致。在图中，通过地址输入端 C、B、A 的变化，可以清晰地看到对应的 8 位译码输出端 Y 的变化情况。每个输出端在不同的输入编码下都能正确地激活，与预期的逻辑功能相符。这种仿真结果的一致性证明了 3-8 译码器在仿真环境中的正确性和稳定性，确保了它在实际应用中能够准确地解析输入编码并产生相应的输出信号。

	Name	Value at 180.0 ns	0 ps	10.0 ns	20.0 ns	30.0 ns	40.0 n

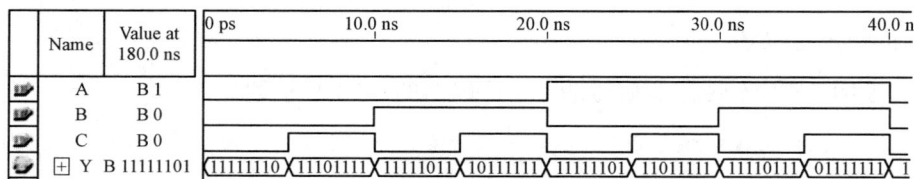

图 5-4　3-8 译码器仿真结果

逻辑单元电路通常具有使能信号，用于控制电路的工作时刻或进行功能扩展。在表 5-4 中，S1、S2、S3 为使能端，它们决定了译码功能的启用和禁用。具体地，在译码器中，只有当 S1=1 且 S2+S3=0 时，译码功能才会被使能。这意味着只有在特定的使能信号组合下，地址码所指定的输出端才会有信号输出，而其他所有输出端均会输出信号 0。这种设置确保了译码器在特定条件下才会进行译码操作，而在其他情况下会禁止译码功能，从而防止意外的输出。当使能信号的取值不符合真值表的要求时，译码功能会被禁止，所有输出端都会输出信号 1。这种设计可以避免在非预期的情况下输出错误的信号，保证了电路的稳定性和可靠性。

要为 3-8 译码器添加使能功能，只需在例 5-5 的基础上稍作修改即可。例 5-6 展示了带有使能功能的 3-8 译码器的 VHDL 源程序。在这个程序中，引入了使能信号 EN，用于控制译码器的工作状态。当使能信号 EN 为高电平时，译码器的功能才会被启用，否则所有输出均为高电平。这种设计使得译码器在需要时能够根据使能信号的状态灵活地控制译码功能的开启与关闭。在这个程序中，根据 EN 信号的状态，在输出过程中添加了一个与门逻辑。当 EN 为高电平时，与门逻辑会允许译码器的输出信号进行传播，从而使译码器的功能生效；当 EN 为低电平时，与门逻辑会将所有输出信号置为高电平，禁止了译码器的工作，实现了使能功能。这种带有使能功能的译码器在数字系统设计中非常有用，它可以根据外部控制信号来灵活地控制译码器的工作状态，使得系统更加智能化和灵活化。这种设计可以有效地降低系统的功耗，并且能够在需要时节省资源，提高系统的效率和性能。

【例 5-6】 带使能功能的 3-8 译码器的 VHDL 源程序。

```
LIBRARY IEEE;
USE IEEE.STD_LOGIC_ 1164.ALL;
ENTITY decoder IS
PORT(c,b,a:IN STD_LOGIC;
    s:IN STD_LOGIC_VECTOR(3 downto 1);
    y:OUT STD_LOGIC_VECTOR(7 downto O));
END decoder;
ARCHITECTURE one OF decoder IS
SIGNAL din:STD_LOGIC_VECTOR(2 downto 0);
BEGIN
din<=c&b&a;
  y(0)<='0'WHEN din ="000"and s="001"ELSE'1';
  y(1)<='0'WHEN din="001"and s="001"ELSE'1';
  y(2)<='0'WHEN din="010"and s="001"ELSE'1';
  y(3)<='0'WHEN din="011"and s="001"ELSE'1';
  y(4)<='0'WHEN din ="100"and s="001"ELSE'1';
  y(5)<='0 WHEN din="101"and s="001"ELSE'1';
  y(6)<='0'WHEN din="110"and s="001"ELSE'1';
  y(7)<='0'WHEN din ="111"and s="001"ELSE'1';
END one;
```

例 5-6 相比于例 5-5 在对输入三位编码 C、B、A 的处理上有所不同，它将 C、B、A 三位合并成一个整体并赋值给内部信号 DIN，然后对 DIN 进行判断，这样的设计使得程序显得更简洁，书写也更方便。在仿真结果图 5-5 中，可以清晰地观察到当使能信号 S 不为"001"时，输出端始终为全 1 的情况。这符合译码器的逻辑设计，即当使能信号不满足要求时，译码器的功能被禁止，所有输出端均置为高电平。这种仿真结果验证了例 5-6 中使能信号对译码器功能的控制作用的正确性和有效性。

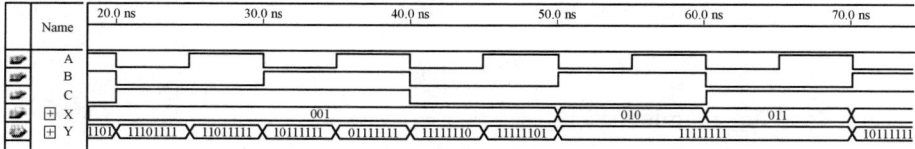

图 5-5　带使能信号的 3-8 译码器仿真结果

5.4.2　数码显示译码器

数字系统中常用的显示装置之一是数码管，它能直观地显示数字量或符号，有助于观察系统的运行状态和结果。数码管包括荧光数码管、半导体发光数码管、液晶数码管等几种类型，每种数码管都有其特定的结构和工作原理。荧光数码管、半导体发光数码管和液晶数码管在数字系统中起着重要的作用。荧光数码管采用共阴极结构；液晶数码管是无极性的；半导体数码管则可分为共阳极和共阴极两类，其中，共阴极半导体数码管的外观和内部结构如图 5-6 所示。在共阴极半导体数码管中，当所有阴极连接到地时，当某个二极管的阳极接收到高电平时，相应的二极管就会发光。这些发光二极管相互独立，可以同时发光，并且根据一定的规律可以组合成各种不同的符号，如 1～9、A～F。例如，要显示数字 2，需要让图中的 a、b、g、e、d 这 5 个发光二极管发光，而其他发光二极管熄灭，则这 8 个发光二极管的阳极分别接收"11011010"。表 5-5 展示了共阴极 8 段数码管的真值表，需要注意的是，其中的 h 代表小数点。表中假设小数点不需要点亮，因此 h 始终输出为低电平。

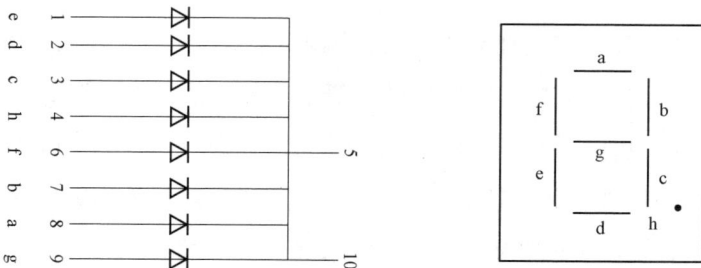

图 5-6　共阴极半导体数码管外观及内部结构图

表 5-5　共阴极 8 段数码管真值表

输入 BCD 码				共阴极 8 段数码输出							
数据	D	C	B	A	a	b	c	d	e	f	g	h
0	0	0	0	0	1	1	1	1	1	1	0	0
1	0	0	0	1	0	1	1	0	0	0	0	0
2	0	0	1	0	1	1	0	1	1	0	1	0
3	0	0	1	1	1	1	1	1	0	0	1	0
4	0	1	0	0	0	1	1	0	0	1	1	0
5	0	1	0	1	1	0	1	1	0	1	1	0
6	0	1	1	0	1	0	1	1	1	1	1	0
7	0	1	1	1	1	1	1	0	0	0	0	0
8	1	0	0	0	1	1	1	1	1	1	1	0
9	1	0	0	1	1	1	1	1	0	1	1	0
A	1	0	1	0	1	1	1	0	1	1	1	0
B	1	0	1	1	1	1	1	1	1	1	1	0
C	1	1	0	0	1	0	0	1	1	1	0	0
D	1	1	0	1	1	1	1	1	1	0	1	0
E	1	1	1	0	1	0	0	1	1	1	1	0
F	1	1	1	1	1	0	0	0	1	1	1	0

5.5　计数器的设计

　　数字系统中常需要对脉冲进行计数，以实现各种功能，如数字测量、状态控制、数据运算等。计数器作为完成这一任务的基本部件，是数字系统中最常用的时序电路之一。它的应用范围非常广泛，常见于数模转换、计时、频率测量等领域。计数器根据其工作原理和使用情况可分为多种类型。最基本的计数器能够简单地对脉冲进行计数，其工作原理通常基于时钟输入信号。此外，还有带清零端的计数器，这些计数器可以通过清零信号将计数器的值归零，以便重新开始计数。清零端可以是同步的，即只有在特定时钟信号下清零，也可以是异步的，即可以在任意时间清零。除了带有清零端的计数器，还有一种能够预加载初始计数值的计数器。这种计数器允许在开始计数之前，将一个初始值加载到计数器中，以实现更灵活的计数操作。这在某些应用中非常有用，如需要从一个特定值开始计数的情况。还存在各种进制的计数器，例如十进制、十二进制、六十进制，这些计数器能够以不同的进制进行计数，以满足不同应用的需求，例如，十二进制计数器可以用于时钟计数，而六十进制计数器则可以用于时间表示。

5.5.1　带使能、清零、预置功能的计数器

计数器在数字电子系统中扮演着核心角色，它的设计灵活性和功能性直接影响系统的性能和应用范围。在许多应用场景中，仅依靠基本的递增或递减计数功能是不够的，更复杂的操作如从特定值开始计数、在计数过程中实施清零或预置特定计数值等功能成为设计中必须考虑的需求。针对这些需求，带有使能、清零和预置功能的计数器提供了灵活的解决方案，以适应更广泛的应用需求。

在计数器的设计中，引入控制信号以实现从期望的初始值开始计数是一种常见的需求。为了满足这一需求，计数器设计中通常会包括预置控制端，该端口允许用户设定一个特定的起始计数值。这种设计在实现功能的同时，提高了计数器的灵活性，使得计数器能够根据实际应用场景的要求，从任意数值开始计数，无论是向前还是向后累加。清零操作也是计数器设计中的一个重要功能，它允许用户在任何时刻清除计数器的当前计数值，将其重置为零或其他预设值。这一功能对于控制计数周期、实现定时器复位等应用至关重要。设计中引入的同步清零端，通过接收低电平信号，触发计数器的清零操作，保证了计数器能够迅速响应外部控制，实现即时清零。

使能信号的引入则为计数器的操作提供了启动和停止的控制。仅当使能信号为高电平有效时，计数器才进行预置计数或正常计数操作。这一设计确保了计数器能够在适当的时刻开始计数，避免了不必要的计数操作，从而提高了系统的效率和可控性。VHDL 程序的设计体现了上述功能的实现方法，

通过提供六个端口信号——时钟输入端、计数输出端、同步清零端、同步使
能端、预置控制端和相应的预置数据输入端，实现了带有使能、清零和预置
功能的计数器。特别地，当清零信号处于低电平有效时，触发清零操作；当
使能信号为高电平有效时，允许预置计数或正常计数；当使能信号有效且预
置信号为高电平有效时，将预置数据送至计数输出端，并从该预置值开始累
加计数。在 VHDL 程序设计中，对计数输出端口的数据类型的选择尤为关键。
由于直接对计数输出端口进行操作，而非通过内部信号间接操作，因此计数
输出端口不仅要能够发送数据，还需要接收来自电路内部的反馈，满足这一
要求的正是 BUFFER 类型的输出端口。BUFFER 类型的端口独具的双向数据
传输能力和反馈机制，使其成为实现这一功能的理想选择。

　　实验中尝试将计数输出端口的类型从 BUFFER 改为 OUT 类型，并引入
内部信号参与操作，通过这种方式也能达到类似的效果。这种方法展示了
VHDL 在设计上的灵活性，提供了不同的解决策略来满足特定的设计需求。

　　【例 5-7】带使能、清零、预置功能的计数器的 VHDL 程序。

```
LIBRARY IEEE;
USE IEEE.STD_LOGIC_ 1164.ALL;
USE IEEE.STD_LOGIC_UNSIGNED.ALL;
ENTITY cnt_ e_c_p IS
PORT(f10MHz:IN STD_LOGIC;
  clr,ena,load:IN STD_LOGIC;
    pre_din:IN STD_LOGIC_VECTOR(7 DOWNTO 0);
      qout:BUFFER STD_LOGIC_VECTOR(7 DOWNTO O));
END cnt_e_c_p
ARCHITECTURE a OF cnt_e_c_p IS
SIGNAL cnt:INTEGER RANGE 0 TO 10000000;
SIGNALclk:STD_LOGIC;
BEGIN
```

```
    PROCESS(f10MHz)
  BEGIN
  IF f10MHz'EVENT AND f10MHz='1'THEN
    IF cnt=4999999 THEN cnt<=0;clk<=NOT clk;
     ELSE cnt<=cnt+1;
    END IF;
   END IF;
   END PROCESS;
PROCESS(clk)
BEGIN
IF clk'event AND clk='1' THEN
    IF clr='0 THEN
       qout<="00000000";
          ELSIF ena='1' THEN
            IF load='I'THEN qout<=pre_din;
            ELSE qout<=qout+1
            END IF;
              END IF;
          END IF;
  END PROCESS;
END a;
```

本例中，验证的对象是一个带有使能、清零和预置功能的计数器电路，该电路设计使用了 VHDL 编程语言，并计划在 CPLD 电路板上进行实际测试。这一过程涉及确立管脚对应关系、使用 Quartus II 软件进行管脚分配、定义电平，以及最终的输入验证等步骤。

在开始硬件验证之前，需要明确电路板上各个信号与物理管脚之间的对应关系。这一步是确保信号正确路由到 CPLD 芯片相应引脚的基础。时钟信号、复位信号、使能信号、预加载信号及预置数据输入信号都需要被正确配置，以便它们能够与电路板上的相应组件相连接。这样的对应关系不仅影响信号的输入输出，还关系到电路的整体性能和响应速度。管脚分配是通过 Quartus II 软件完成的，这个过程要求设计者将每个信号准确地映射到 CPLD 芯片上的具体管脚号。正确的管脚分配是实现电路功能的前提，任何错误都可能导致电路无法正常工作。

管脚分配完成后，还需要对各个信号的电平进行定义，包括输出信号的电平表示方法，以及输入信号的电平状态。在本例中，发光二极管的亮、灭被用来表示输出信号的高、低电平，而按键按下则模拟输入信号的低电平，这种物理状态与逻辑状态的映射关系对于实现电路的逻辑功能至关重要。

输入验证环节是整个硬件验证过程中的核心，它可以直接检验电路设计是否满足功能要求。通过模拟不同的操作条件，如不按任何按键、按下复位按键、按下使能按键、按下预置按键，观察发光二极管的亮、灭状态变化，从而验证计数器电路的各项功能是否正常。特别地，通过这种方法可以验证计数器是否能够正确地从指定的预置值开始计数，以及是否能够在接收到清零信号时立即清零。

通过在 CPLD 电路板上的硬件验证，不仅可以确保计数器电路设计的正确性，还能够加深对数字电路设计和实现过程的理解。这种实践经验是极其宝贵的，它帮助设计者了解电路设计从理论到实践的转换过程中可能遇到的挑战和问题，并提供了解决这些问题的实践技巧。将带有使能、清零、预置功能的计数器电路与数码管的控制程序联合起来，可以进一步扩展电路的应用，使得计数结果能够直观地在数码管上显示。这种应用的实现不仅展示了数字电路设计的灵活性和多功能性，还为设计者积累了实现复杂电路系统的经验。尝试这种联合应用不仅可以增强电路的实用价值，还能够激发设计者在数字电路设计方面的创新思维。

5.5.2 可逆计数器

在数字电路设计中，可逆计数器是一种非常有用的组件，它不仅可以实现递增计数，还可以实现递减计数，从而在工业控制等场合得到广泛应用。通常，可逆计数器可以分为单时钟结构和双时钟结构。单时钟结构的可逆计数器只需一个输入时钟信号，通过方向控制端口控制计数的增减趋势。而双时钟结构的可逆计数器则需要两个输入时钟信号，分别用于实现递增计数和递减计数。例 5-8 是在例 5-7 的基础上增加了方向控制端口，实现了一个单时钟结构的可逆计数器。这个计数器可以根据方向控制端口的信号选择递增或递减计数的趋势，从而提供了更灵活的计数功能。在这个例子中，可以看到计数器模块新增了一个方向控制端口 dir，用于控制计数的增减趋势。当 dir 为高电平时，计数器执行递增计数；当 dir 为低电平时，计数器执行递减计数。这样，通过控制 dir 端口的信号，可以轻松实现递增和递减两种不同的计数方式。在 VHDL 程序中，对于递增计数和递减计数的实现，可以通过简单地改变计数逻辑来实现。当 dir 为高电平时，计数器执行"Q<=Q+1"的操作；而当 dir 为低电平时，则执行"Q<=Q-1"的操作。这样一来，无论是递增还是递减计数，都可以通过统一的时钟信号来驱动，实现了计数器的可逆性。通过这种单时钟结构的可逆计数器，可以在一个电路中实现更加灵活和高效的计数功能。无论是在工业控制领域还是其他数字系统中，都能够满足不同场景下对于计数功能的需求。而且，由于只需要一个时钟信号，因此在电路设计和实现上也更加简洁和方便。

【例 5-8】单时钟结构的可逆计数器的 VHDL 程序。

```
LIBRARY IEEE;
USE IEEE.STD_LOGIC_1164.ALL;
USE IEEE.STD_LOGIC_UNSIGNED.ALL;
ENTITY countupdown IS
  PORT(fI0MHz:IN  STD_LOGIC;
```

```vhdl
    clr,en,load:IN STD_LOGIC;
      din:IN STD_LOGIC_VECTOR(7 DOWNTO 0);
        updown:IN STD_LOGIC;
          q:BUFFER STD_LOGIC_VECTOR(7 DOWNTO 0));
END countupdown;
ARCHITECTURE a OF countupdown IS
    SIGNAL cnt:INTEGER RANGE O TO 10000000;
    SIGNAL clk:STD_LOGIC;
BEGIN
PROCESS(f10MHz)
    BEGIN
      IF f10MHz'EVENT AND f10MHz='1' THEN
        IF cnt=4999999 THEN cnt<=0;clk<=NOT clk;
            ELSIF cnt<=cnt+1;
        END IF;
      END IF;
    END PROCESS;
  PROCESS(clk)
  BEGIN
    IF clk'event AND clk='1'THEN
      IF clr=0 THEN
        q<="00000000";
      ELSIF EN='1'THEN
        IF load='1'THEN q<=din;
        ELSIF updown=1'THEN  q<=q+1;
        ELSE q<=q-1;
        END IF;
```

147

```
        END IF;
      END IF;
    END PROCESS;
  END a;
```

图 5-7 展示了可逆计数器的仿真结果，通过观察可以清晰地看到计数器的行为。在图中，方向控制端 updown 的状态直接影响了计数器的计数趋势：当 updown 为高电平时，计数器执行递增计数；而当 updown 为低电平时，计数器执行递减计数。此外，当 load 端口为高电平时，预置的值 80 被装入计数器中。在仿真结果中，使能信号的有效状态下，计数器根据时钟信号进行计数，递增或递减的方向由 updown 端口决定。同时，通过观察清零信号的作用，可以看到当 clr 信号为低电平时，计数器的值被清零，重新开始计数。而预置计数值的装入则验证了预置功能的正确性。这些仿真结果验证了可逆计数器的各项功能，包括递增、递减、清零及预置功能。通过这样的验证，可以确保设计的可逆计数器在实际应用中能够按照预期的方式正常工作，满足系统的需求。

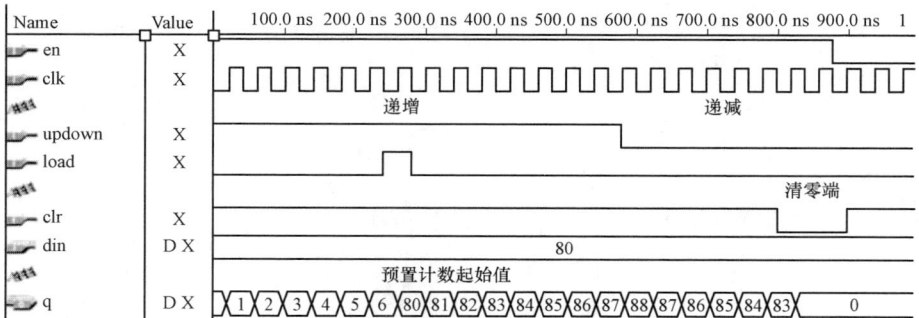

图 5-7 可逆计数器的仿真结果

将例 5-8 程序下载到 CPLD 电路板进行硬件验证的步骤如下。首先，确保 CPLD 电路板上的时钟频率为 10 MHz，并将其输入信号 f10MHz 分频以产生 1 Hz 的时钟信号 clk。接着，将编写好的程序下载到 CPLD 电路板中，并确保下载成功。随后，观察电路板上的指示灯或者使用示波器检查输出信号是否符合预期，即每秒产生一个脉冲的 clk 信号。若输出信号与预期一致，则验证成功，可以进一步进行相关测试或应用；若输出信号与预期不符，需检查程序逻辑或硬件连接是否存在问题，并进行相应调整和修正。整个验证过程中需注意安全操作，避免损坏电路板或相关设备。

5.5.3　进制计数器

在前面的例子中，计数器的计数范围受到输出位数的限制。例如，对于一个 8 位递增计数器，其最高能够计数到"11111111"，即每计 255 个脉冲后就会回到"00000000"。而如果将计数器扩展为 16 位，那么它的最高计数值将变为"FFFFH"，每计 65535 个时钟脉冲后就会回到"0000H"。

如果需要计数到某特定值时就回到初始计数状态，则需要设计某进制的计数器。

在例 5-9 中，设计了一个 128 进制的计数器，它在例 5-8 的基础上，增加了同步清零、使能和同步预置数功能，并适当修改形成了带进制计数器。与例 5-8 相比，例 5-9 在功能上进行了升级和扩展，体现了 VHDL 实现功能升级的便利性。尽管实体部分与例 5-8 相同，但结构体中对功能的描述发生了变化，从而使该计数器能够以 128 进制进行计数。这种修改不仅提高了计数器的灵活性，还扩大了其适用范围和功能。通过 VHDL 的灵活性和便利性，程序员可以相对容易地对程序进行修改和升级，以满足不同的需求和应用场景。

【例 5-9】128 进制计数器。

```
LIBRARY IEEE;
USEIEEE.STD_LOGIC_ 1164.ALL;
USE IEEE.STD_LOGIC_UNSIGNED.ALL;
ENTITY count128 IS
PORT(f10MHz  :IN   STD_LOGIC;
  clr,en,load:IN STD_LOGIC;
```

```vhdl
        din    :IN STD_LOGIC_VECTOR(7 DOWNTO 0);
        q  :BUFFER  STD_LOGIC_VECTOR(7  DOWNTO  0));
    END  count128;
    ARCHITECTURE  a  OF  count128  IS
SIGNAL  cnt:INTEGER  RANGE  O  TO  10000000;
        SIGNAL  clk:STD_LOGIC;
    BEGIN
PROCESS(f10MHz)
    BEGIN
      IF  f10MHz'EVENT  AND  f10MHz='1'  THEN
        IF  cnt=4999999  THEN  cnt<=0;clk<=NOT  clk;
          ELSE  cnt<=cnt+1;
        END  IF;
      END  IF;
END  PROCESS;
    PROCESS(clk)
    BEGIN
      IF  clk'event  AND  clk='1'  THEN
        IF  clr='0  THEN
            q<="00000000";
        ELSIF  q="01111111"  THEN            --确定进制
            q<="00000000";
        ELSIF  EN='1'  THEN
          IF  load='1'  THEN  q<=din;
          ELSE  q<=q+1;
          END  IF;
        END  IF;
```

```
    END IF;
  END PROCESS;
END a;
```

程序中的关键语句是

```
    ELSIF q="01111111" THEN   q<="00000000";
```

该语句说明了当计数器达到 128 进制允许的最大值 127 时，会自动恢复为 0 重新开始计数。通过调整计数输出信号 q 的取值，可以实现不同进制的计数。在例 5-9 中，由于计数输出信号 q 的位数为 8 位，因此可以实现 256 进制范围内的计数。在图 5-8 所示的 128 进制递增计数器的仿真结果中，当设定预置值为 123 且 load 信号为高电平时，计数器的输出确实为预置值 123。这表明计数器能够正确加载预置值并开始从该值递增计数。观察图形还显示，计数器随着时钟脉冲的输入按照 128 进制递增，当计数达到 127 时，再次回到 0 重新开始计数。这样的仿真结果验证了例 5-9 设计的计数器在实际应用中的正确性和可靠性。

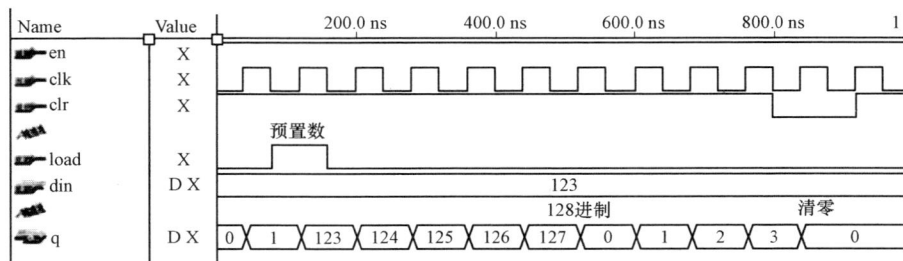

图 5-8　128 进制递增计数器仿真结果

当清零信号 clr 有效电平（低电平）到达时，计数器并不立刻清零，而是等待清零有效电平到达后的下一时钟有效边沿到达时才将计数输出清零，这体现了同步清零的效果。在同步清零的机制下，计数器的清零操作与时钟信号的边沿同步进行，以确保清零操作在一个稳定的时钟周期内完成，从而避免了清零信号的干扰可能引起的计数器不稳定状态。

5.6　移位寄存器的设计

　　在数字系统中，数据寄存器是一种常用的部件，用于存储二进制数据。从硬件的角度来看，寄存器实质上是由一组可储存二进制数的触发器组成的。每个触发器可以存储一位二进制位，因此，通过组合多个触发器，就可以构建出不同位数的寄存器，例如，一个 12 位寄存器可以由 12 个 D 触发器组合而成。

　　基本数据寄存器是数字系统中常见的一种寄存器类型，其特点在于在时钟的有效边沿到达时，一组触发器的输入端同时移入各触发器的输出端。这意味着在时钟信号的驱动下，寄存器的数据在同一时刻被加载到各触发器中，从而实现了数据的存储。一旦时钟信号撤销，各触发器的输出就会保持不变，直到下一次有效时钟边沿到来时，才会有新的数据被加载进入寄存器。这种基本数据寄存器的工作原理符合时序逻辑的基本要求，即在时钟信号的控制下进行数据的加载和保持。由于寄存器的设计中使用了触发器，这种寄存器能够实现高速的数据存储和传输，同时具有较好的稳定性和可靠性。

　　基本数据寄存器的 VHDL 描述方法相对简单而直观。在时钟的有效边沿到达时，只需将待寄存的数据赋值给输出端即可。这种描述方法体现了时序逻辑的基本思想，即根据时钟信号的边沿来控制数据的加载和保持。

　　移位寄存器是一种具有移位功能的寄存器，用于处理数据时需要将寄存器中的各位数据从低位向高位或相反方向依次移动。这种寄存器的输入与输出可以选择并行或串行进行。在移位寄存器中，数据的移位操作可以通过移位寄存器内部的逻辑电路来实现。对于并行输入并行输出的移位寄存器，输入端的数据可以同时加载到各位触发器中，然后通过控制信号实现数据的移位操作，并最终输出到输出端。而对于串行输入串行输出的移位寄存器，则是逐位地将输入数据串行加载到寄存器中，然后再通过控制信号逐位地输出到输出端。

5.6.1　串入串出移位寄存器

本节首先介绍了基本的串行输入串行输出（串入串出）移位寄存器，随后在此基础上增加了同步预置功能，形成了一个实用的移位寄存器。串入串出移位寄存器的原理图如图 5-9 所示，由 8 个 D 触发器串联构成，在时钟信号的作用下，数据从低位向高位移动。

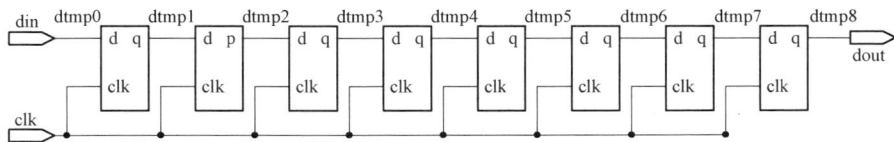

图 5-9　串入串出移位寄存器原理图

为了设计串入串出移位寄存器，需要提供串行数据输入端 din、时钟输入端 clk，以及串行数据输出端 dout。

【例 5-10】串入串出移位寄存器程序一。

```
LIBRARY IEEE;
USE IEEE.STD_LOGIC_ 1164.ALL;
ENTITY shifter1 IS
  PORT(din,f10MHz:IN STD_LOGIC;
    dout :OUT STD_LOGIC);
END shifter1;
ARCHITECTURE one
COMPONENT DFF                 --D 触发器作为元件引入
  PORT(d,clk:IN  STD_LOGIC;
       q:OUT  STD_LOGIC);
END COMPONENT;
SIGNAL dtmp:STD_LOGIC_VECTOR(8 downto 0);
    SIGNAL cnt:INTEGER RANGE 0 TO 10000000;
```

```
        SIGNALclk:STD_LOGIC;
BEGIN
    PROCESS(f10MHz)
    BEGIN
      IF f10MHz'EVENT AND f10MHz='1'THEN
        IF cnt=4999999 THEN cnt<=0;clk<=NOT clk;
        ELSE cnt<=cnt+1;
        END IF;
      END IF;
    END PROCESS;

dtmp(0)<=din;
g:FOR i IN OTO7 GENERATE

    UX:dff PORT  MAP(d=>dtmp(i),clk=>clk,q=>dtmp(i+1));
    END GENERATE;
dout<=dtmp(8);
 END one;
```

例 5-10 在执行前需要先设计一个 D 触发器，并确保它在 Quartus II 的搜索路径范围内，并经过编译通过。这样才能保证例 5-10 中的程序能够顺利进行编译和执行。该程序完全按照图 5-10 所示的结构进行描述，是一种结构化的描述方法。这种描述方法要求设计者对电路的内容结构非常清晰，以确保描述结果的准确性和可靠性。然而，在实践中，使用例 5-10 所示的描述方法更为常见。图 5-10 展示了例 5-10 的仿真结果，通过观察仿真结果，可以验证程序的功能和正确性。综上所述，设计者在进行数字电路设计时，需要根据具体情况选择合适的描述方法，并且要保持对电路结构的清晰理解，以确保设计的准确性和可靠性。

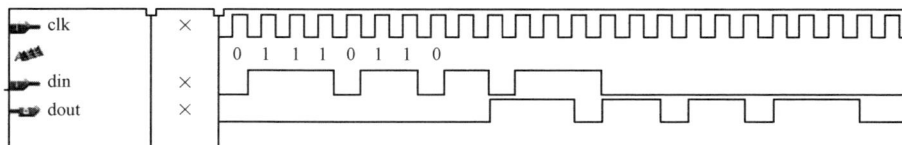

图 5-10　串入串出移位寄存器仿真结果

在图 5-10 中，串行输入数据在时钟的控制下依次移入移位寄存器。值得注意的是，输出波形比输入波形延迟了 8 个脉冲，这是因为移位寄存器有 8 级，所以在前 8 位数据之前，输出端并没有数据输出。只有在 8 个时钟脉冲后，最先移入的数据才从 dout 端移出，随后的波形将与输入波形一致。这种延迟现象是由移位寄存器的结构所决定的。移位寄存器具有一定的延迟特性，因为数据需要经过多级触发器进行串行移位，直到达到输出端。这种延迟在实际应用中需要考虑，并且可以通过对时序进行分析和优化来减少延迟。

在实际工程应用中，层次化设计是一种常见且有效的方法，特别适用于复杂电路的设计与验证。通过对整体功能进行细致分析，并将其分解为不同的功能模块，可以更好地管理设计的复杂性和确保系统的可靠性。例 5-10 所使用的描述方法虽然在某些情况下可能会适用，但对于单一功能电路的设计并不推荐，因为它可能无法很好地应对复杂性和变化性。层次化设计的第一步是对设计对象进行详细功能分析。这意味着需要清晰地了解电路的预期功能、输入输出要求，以及各部分之间的相互关系。在整体功能分析的基础上，将电路分解为不同的功能模块，每个模块负责实现特定的功能或子功能。这种分解能够使设计任务更具可管理性，并有助于团队成员之间的合作。一旦完成了功能分析和模块划分，就可以开始各个模块的设计。在较高层次的设计中，可以采用类似于例 5-10 所用的结构化描述方法。这种方法将电路分解为模块并提供模块之间的接口，有助于更清晰地表达电路的结构和功能。在这个阶段，可以使用类似于 VHDL 或 Verilog 等硬件描述语言来实现电路的高级设计。需要进行硬件验证，以确保设计的正确性和性能。

【例 5-11】 串入串出移位寄存器程序二。

```
LIBRARY IEEE;

USE IEEE.STD_LOGIC_1164.ALL;

ENTITY shift1 IS

  PORT(din,flOMHz:in STD_LOGIC;

     dout :out STD_LOGIC);

END shift1;

ARCHITECTURE a OF shift1 IS

SIGNAL dtmp:STD_LOGIC_VECTOR(7 downto 0);

BEGIN

PROCESS(f10MHz)

   BEGIN

   IF fIOMHz'EVENT AND f10MHz='1'THEN

     IF cnt=4999999 THEN cnt<=0;clk<=NOT clk;

     ELSE cnt<=cnt+1;

     END IF;

   END IF;

  END PROCESS;

PROCESS(clk,din)

BEGIN

  IF clk'event AND clk='1'THEN

     dtmp(0)<=din;

        dtmp(7 DOWNTO 1)<=dtmp(6 DOWNTO 0);

     dout<=dtmp(7);

   END IF;

 END PROCESS;

END a;
```

例 5-11 提供了一个程序，可以下载到 CPLD 电路板上进行验证。在进行验证之前，需要注意电路板上的时钟是 10 MHz，通过分频产生 1 Hz 的信号 clk。这意味着在验证过程中需要确保时钟频率和分频电路的正确性，并注意信号的时序关系。在验证过程中，可以通过仿真工具或实际的硬件实现来验证电路的功能。仿真工具可以用于验证设计的正确性，并检查信号的时序和波形。而实际硬件验证则可以验证电路在真实环境中的性能，并检查是否存在潜在的问题或不稳定性。

5.6.2　同步预置串行输出移位寄存器

同步预加载串行输出移位寄存器是一种集成了基本寄存器和串入串出移位寄存器功能的重要数字电路元件。它允许将一组二进制数并行输入到一组寄存器中，并以串行形式从寄存器中输出这些数据，这被称为"并入串出"移位寄存器。这种寄存器还能够直接从串行输入端串行输出一组二进制数。该移位寄存器的端口包括串行数据输入端（din）、并行数据输入端（dload）、时钟脉冲输入端（clk）、并行加载控制端（load）和串行数据输出端（dout）。它的示意符号如图 5-11 所示。

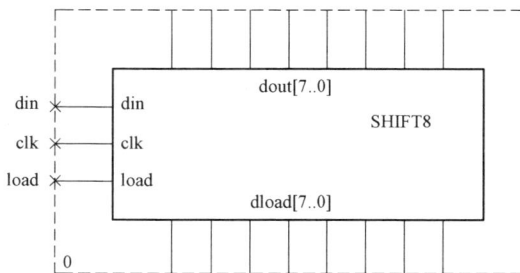

图 5-11　同步预加载串行输出移位寄存器的电路符号

在例 5-12 的数字电路设计中，引入了同步预置控制端（load）及相应的预置数据输入端口（dload）。当 load 信号为高电平有效时，预置数据被送入寄存器，并在下一个有效时钟边沿对这些预置数据进行移位。通过观察 dout [7] 引脚，可以清晰地看到串行输出的效果。这种设计增强了移位寄存器的灵活性和可控性。通过引入预置控制端和相应的预置数据输入端口，用户可以在需要时将指定的数据加载到寄存器中，而不必依赖于外部数据输入。这对于一些特定的应用场景尤其有用，如在系统初始化阶段对寄存器进行预置操作。设计中的同步预置控制端确保了预置操作与时钟信号的同步，从而保证了数据的稳定性和可靠性。这有助于避免在预置过程中出现数据冲突或不稳定的情况，提高了系统的稳定性和可靠性。

【例 5-12】同步预置串行输出移位寄存器程序。

```
LIBRARY IEEE;
USE IEEE.STD_LOGIC_1164.ALL;
ENTITY shift3 IS
  PORT(din,f10MHz,load   :IN STD_LOGIC;
      dout      :OUT STD_LOGIC_VECTOR(7 DOWNTO 0);
      dload     :IN STD_LOGIC_VECTOR(7 DOWNTO O));
END shift3;
ARCHITECTURE a OF shift3 IS
SIGNAL dtmp:STD_LOGIC_VECTOR(7 downto 0);
SIGNAL cnt:INTEGER RANGE 0 TO 10000000;
SIGNALclk:STD_LOGIC;
BEGIN
PROCESS(f10MHz)
BEGIN
  IF  f10MHz'EVENT  AND  f10MHz='1'THEN
    IF cnt=4999999 THEN cnt<=0;clk<=NOT clk;
      ELSE cnt<=cnt+1;
    END IF;
  END IF
END PROCESS;
```

```
PROCESS(clk)

BEGIN

  IF clk'event AND clk='1' THEN

    IF load='1' THEN

      dtmp<=dload;

    ELSE

      dtmp(7 DOWNTO 0)<=dtmp(6 downto 0)&din;

      END IF;

    END IF;

  dout<=dtmp;

 END PROCESS;

END a;
```

将例 5-12 程序下载入 CPLD 电路板进行硬件验证是一项关键的步骤，以验证设计的功能和性能。在进行验证之前，需要注意电路板上的时钟频率为 10 MHz，并经过分频后产生 1 Hz 的信号 clk。

如图 5-12 所示，当预置信号 load 有效时，寄存器从 dload 端口接收到数据"10010110"，并将其送到 dout 端口。随后的时钟周期内，寄存器开始以串行方式输出刚刚预置的数据"10010110"，逐位地由 dout 的高位（dout[7]）串行移出。同时，来自 din 串行输入端的数据也被逐位串行移入移位寄存器。这种操作流程展示了移位寄存器的串行移位功能，以及它在预置数据和串行输入数据之间的切换。通过 load 信号的控制，可以在需要时将预置数据加载到寄存器中，并在下一个时钟周期开始时进行移位。这种操作可以使得系统在需要时快速地加载指定数据，并实现数据的串行移位输出。在移位寄存器内部，预置数据与串行输入数据的移位操作是独立进行的，这确保了数据的准确性和稳定性。无论是预置的数据还是串行输入的数据，都可以在移位寄存器内部按照预定的时钟信号进行移位，从而保证了数据的可靠输出和传输。

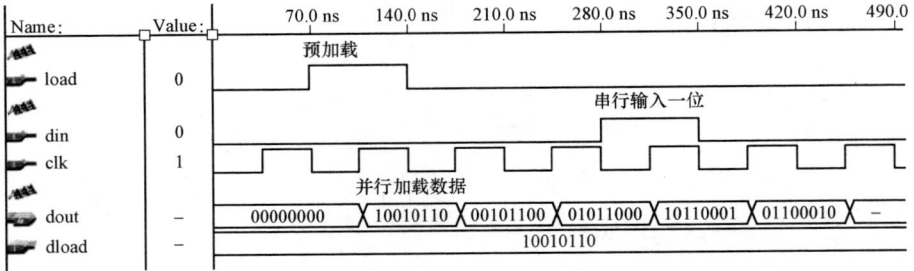

图 5-12　带预置功能的串行输出移位寄存器仿真结果

5.6.3　循环移位寄存器

例 5-13 设计的循环移位寄存器是一种特殊的移位寄存器，其移位过程中，移出的一位数据从一端输出，同时又从另一端输入，从而形成循环。该寄存器具有多个端口，包括串行数据输入端（din）、并行数据输入端（data）、脉冲输入端（clk）、并行加载数据端（load），以及移位输出端（dout）。其功能是对预置入寄存器的数据进行循环移位，移位方向为由低位向高位移，同时最高位移向最低位。这意味着寄存器内的数据在移位过程中不断地循环，并且移位方向是循环的，形成了一种环形的数据移位模式。随着时钟信号的脉冲输入，寄存器内的数据按照指定的移位方向进行循环移位。移出的数据从一端输出，并同时从另一端输入，完成一次循环移位操作。这种循环移位寄存器在数字电路设计中具有重要应用，特别是在需要实现循环数据移位的场景下。例如，在密码学中的置换密码算法或者循环冗余校验（CRC）计算中，循环移位寄存器得到广泛应用。

【例 5-13】循环移位寄存器程序。

```
LIBRARY IEEE;
USE IEEE.STD_LOGIC_1164.ALL;
ENTITY csr IS
  PORT(load,f10MHz:IN STD_LOGIC;
    data    :IN STD_LOGIC_VECTOR(4 downto 0);
```

```
     dout :BUFFER STD_LOGIC_VECTOR(4 downto 0));
END csr;
ARCHITECTURE one OF csr IS
SIGNAL dtmp:STD_LOGIC;
SIGNAL cntINTEGER RANGE O TO 10000000;
     SIGNAL clk:STD_LOGIC;


BEGIN
PROCESS(f10MHz)
  BEGIN
    IF f10MHz'EVENT AND f10MHz='1'THEN
      IF cnt=4999999 THEN cnt<=0;clk<=NOT clk;
      ELSE cnt<=cnt+1;
       END IF;
     END IF;
  END PROCESS;
PROCESS(clk)
BEGIN
  IF clkevent AND clk='1'THEN
    IF load='1'THEN dout<=data;      --预置初值
      ELSE
      dout(4 DOWNTO 1)<=dout(3 DOWNTO 0);
          dout(0)<=dout(4);          --将最高位移向最低位
    END IF;
  END IF;
  END PROCESS;
END one;
```

图 5-13 的仿真结果清晰地展示了例 5-13 中设计的循环移位寄存器的工作过程。首先，预置信号 load 为高电平有效，导致预置的数据被加载入移位寄存器。随后，在每一个时钟信号的上升沿触发下，移位寄存器开始将数据从低位向高位移动一位，同时最高位的数据移向最低位。这个过程形成了一种连续的循环，可以从寄存器内的数据变化中观察到。通过观察从"10000"到"00001"的变化，读者可以清楚地感知到移位寄存器中数据的循环过程。随着时钟信号的每一个上升沿，数据不断地向高位移动，并且最高位的数据始终移向最低位，形成了一个连续的循环移位模式。这种循环的特性使得移位寄存器能够持续地处理数据，并在数据移位过程中保持循环。

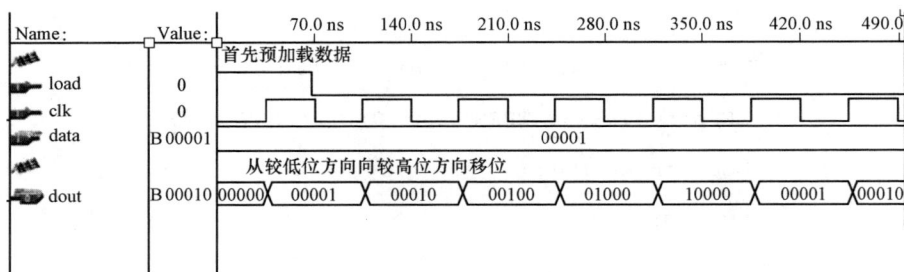

图 5-13　循环移位寄存器仿真结果

5.6.4　双向移位寄存器

双向移位寄存器在数字电路设计中具有重要应用，其能够根据控制信号的指示，实现数据在不同方向上的移动。这种灵活性使得双向移位寄存器不仅在数据处理中发挥着重要作用，在数据存储、状态转移等多种场景下也有广泛的应用。设计一个功能齐全的双向移位寄存器，需要深入理解其工作原理和设计要求。

在设计的双向移位寄存器中，引入了多个控制端口，包括预置数据输入端 *predata*、脉冲输入端 *clk*、移位寄存器输出端 *dout*、工作模式控制端 *m*1 与 *m*0、左移串行数据输入端 *dsl*、右移串行数据输入端 *dsr*，以及寄存器复位端 *reset*。这些控制端的设置使得寄存器不仅能够实现基本的数据移位功能，还能够根据具体的控制信号灵活地改变工作模式和数据流向。工作模式控制端 $m1$ 与 $m0$ 的设计是实现双向移位功能的核心。通过这两位控制信号的不同组合，可以指定寄存器的具体工作模式，包括停止移位、向左移位（高位向低位）和向右移位（低位向高位）。这种模式的选择为数据处理提供了高度的灵活性，使得寄存器能够根据实际需要动态调整数据的流向。预置数据输入端 $predata$ 允许用户在寄存器开始工作前设定一个初始状态，这对于初始化寄存器内容或者在特定应用中加载特定数据非常有用。这一功能增加了寄存器的使用便捷性和灵活性，使得寄存器能够迅速适应使用场景。脉冲输入端 clk 是控制寄存器移位操作的时钟信号输入端，它确保了寄存器的移位操作能够同步进行。在数字电路中，时钟信号是控制逻辑操作节奏的基础，通过精确的时钟控制，可以保证数据的准确移位和稳定输出。左移串行数据输入端 dsl 和右移串行数据输入端 dsr 分别在寄存器进行左移和右移操作时使用，向寄存器引入新的数据。这两个端口的设置增强了寄存器的数据处理能力，使得在进行数据移位的同时，能够从指定方向加载新的数据。寄存器复位端 $reset$ 提供了一种快速清除寄存器内容的方式，通过激活这一控制信号，可以将寄存器中的所有位清零或重置为预定状态。这一功能对于寄存器的初始化，以及在出现错误或需要重新开始时快速恢复到初始状态非常有用。

通过上述设计，双向移位寄存器能够在数字系统中执行复杂的数据处理任务，包括数据暂存、格式转换、数据通信等。这种寄存器的设计不仅展示了数字电路设计的灵活性和功能性，而且提供了对数据流动控制的精确手段。在实际应用中，根据具体需求调整控制信号，可以使双向移位寄存器成为解决特定问题的有效工具。

5.7　有限状态机的设计

有限状态机（FSM）在数字系统设计中相当于一个控制器，将复杂的功能分解为若干步骤，每一步对应于二进制的一个状态。通过预先设计的状态转换顺序，在各个状态之间进行转换，从而实现所需的逻辑功能。实际上，很多数字系统的核心部分都由状态机来承担。这是因为状态机的工作原理能够有效地将复杂的问题分解为简单的步骤，并且在系统的时钟频率下实现高速计算或控制。以 FPGA 为核心器件的数字系统，其系统时钟频率通常在几十兆赫到上百兆赫，这意味着由时钟频率决定运行速度的状态机可以实现高效的计算和控制。相比之下，其他 MCU 芯片由于时钟频率限制，往往无法达到同样的速度。状态机在 EDA 设计中扮演着至关重要的角色，能够为数字系统的性能提供关键支持。根据状态机的输出信号逻辑值是否与当前状态和输入变量有关，可以将状态机分为摩尔型状态机和米里型状态机两种类型。

5.7.1 摩尔型状态机

摩尔型状态机的特点在于其输出逻辑仅与当前状态有关，而与输入变量无关。换句话说，状态机的输出仅取决于当前状态，而不受输入变量的影响。输入变量的作用仅在于与当前状态一起决定当前状态的下一个状态是什么。摩尔型状态机的框图如图 5-14 所示，其中包括输入变量、时钟输入、输出变量以及复位信号等端口。

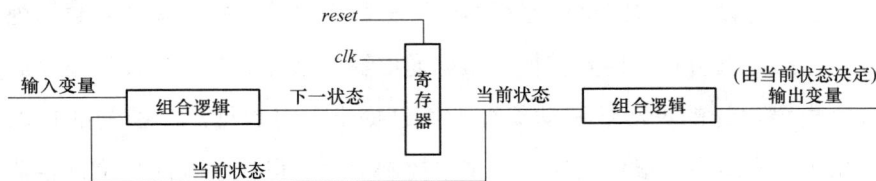

图 5-14 摩尔型状态机框图

5.7.2 米里型状态机

米里型状态机与摩尔型状态机不同之处在于其输出逻辑不仅与当前状

态有关，还与当前的输入变量有关。换句话说，状态机的输出取决于当前状态和输入变量的组合。输入变量的作用不仅在于与当前状态一起决定当前状态的下一个状态，还决定当前状态的输出变量的逻辑值。米里型状态机的框图如图 5-15 所示，其中包括输入变量、时钟输入、输出变量、复位信号等端口。

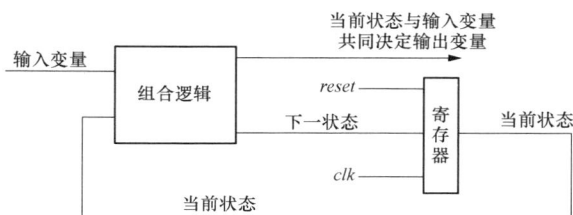

图 5-15　米里型状态机框图

5.8　振荡器的设计

在探讨数字电路仿真与 EDA 设计的深入研究中，振荡器的设计占据了不可忽视的地位。振荡器作为生成周期性波形信号的电路，广泛应用于数字电路系统中。因此，深入理解振荡器的设计原理、实现方法及其在数字电路中的应用是至关重要的。

振荡器的基本原理在于利用正反馈机制产生稳定的振荡。在数字电路中，这通常涉及特定的逻辑门电路配置，使电路在没有外部输入信号的情况下自发产生周期性的输出波形。设计一个高性能的振荡器，不仅要求电路能够产生稳定且准确的频率，还要求电路具有良好的启动特性和抗干扰能力。

在数字电路设计中，振荡器的设计可以分为几个关键步骤。首先，设计者需要确定振荡器的类型和应用场景。振荡器按照其工作原理大致可以分为线性振荡器和非线性振荡器两大类在数字电路中常用的是非线性振荡器，如 RC 振荡器、晶体振荡器。每种振荡器都有其特定的应用领域和优势，选择合适的振荡器类型是设计过程中的第一步。设计者需要精确计算振荡器的各项参数，包括振荡频率、振幅等，正确的参数计算是确保振荡器性能符合预期的关键。设计者需要借助 EDA 工具进行电路的仿真和优化。通过电路仿真，可以预先评估振荡器的性能，如频率稳定性、起振时间、对环境变化的敏感度。仿真结果还可以指导设计者对电路进行必要的优化，以提高振荡器的性能和可靠性。

振荡器的物理实现是设计过程的另一个重要环节。这包括选择合适的电子元器件、电路板布局和焊接技术。在这一阶段，设计者需要考虑元器件的物理特性、电路的电磁兼容性（EMC）、可能的环境影响等因素。优良的物理设计和制造工艺是确保振荡器在实际应用中稳定工作的基础。通过实际测量振荡器的输出波形、频率、稳定性等参数，可以验证电路设计的正确性和实际性能。测试结果还可以为电路的进一步优化提供实验数据支持。

第 6 章　典型数字系统设计

本章介绍了一些典型数字电路的 VHDL 设计方法，这些设计不仅具有实用性，而且可以作为其他更复杂数字系统的模块直接调用。通过学习这些实例，读者可以获得丰富的实践经验，并且在设计数字电路时获得启发。这些实用数字电路设计包括各种功能模块，如寄存器、计数器、加法器、多路器。这些模块在数字系统中起着重要作用，是数字电路设计的基础。通过理解和掌握这些模块的 VHDL 设计方法，读者可以更好地应用它们来构建复杂的数字系统。

6.1　分频电路

分频电路在数字电路中扮演着至关重要的角色，特别是在 FPGA 系统中。FPGA 芯片通常外接高频晶振，以提供高频时钟信号，而不同模块所需的工作时钟频率往往不同。在这种情况下，需要分频电路将高频时钟信号降频到所需的工作频率。例如，在需要秒钟产生器中，若输入时钟为 100 MHz，需要将其分频以获得 1 Hz 的秒钟信号。大多数 FPGA 芯片内部集成了锁相环（PLL），能够精确地对外部输入时钟进行分频与倍频。然而，PLL 的分频与倍频的倍数通常有限，主要用于调节主时钟频率。当需要实现特殊的分频或倍频系数时，就需要通过编写 HDL 程序进行设计。使用 VHDL 设计分频器的核心是对被分频信号的脉冲进行计数。

本节将介绍偶数分频的设计方法、奇数分频的设计方法，以及 X.5 小数分频的设计方法。

6.1.1 偶数分频

在数字电路设计中，偶数分频器是一种常见的电路模块，用于将输入信号的频率降低到原始频率的一半。这种分频器的设计本质上是对输入信号的脉冲进行计数，然后根据计数结果输出分频后的信号。而实现这一功能的核心是使用计数器来完成。假设需要设计一个 400 MHz 到 200 MHz 的偶数分频器，这意味着需要将输入信号的频率降低一半。在这种情况下，可以使用一个普通的计数器来完成。这个计数器的计数模数应该是原始频率与目标频率之比的一半，即 400 MHz/200 MHz = 2。因此，需要设计一个模为 2 的计数器，以实现 50%的占空比，从而得到 200 MHz 的输出频率。

【例 6-1】16 分频分频器程序。

```
LIBRARY IEEE;
USE IEEE.STD_LOGIC_ 1164.ALL;
USE IEEE.STD_LOGIC_ARITH.ALL;
USE IEEE.STD_LOGIC_UNSIGNED.ALL;
ENTYTY div_fre IS
  PORT(clk:IN  STD_LOGIC;
      rst:IN  STD_LOGIC;
   div_out:OUT STD_LOGIC);
END div_fre;
ARCHITECTURE a OF div_fre IS
SIGNAL cnt:STD_LOGIC_VECTOR (2 DOWNTO 0);
SIGNAL div_tmp:STD_LOGIC;
BEGIN
PROCESS (clk)
BEGIN
IF(rst='1') THEN
```

```
        cnt<="000";
    ELSIF (clk'EVENT AND clk='1) THEN
      IF(cnt="111")THEN
        div_tmp<=NOT div_tmp;
        cnt<=(OTHERS=>'0');
        ELSE
              cnt<=cnt+1;
      END IF;
    END IF;
    END PROCESS;
    div_out<=div_tmp;
    END a;
```

　　例 6-1 介绍了一种实现 16 分频的方法。通过对输入时钟进行计数，并在达到特定计数阈值时触发分频输出时钟的翻转，能够实现将输入频率分频为原来的 1/16，并且确保分频输出的占空比为 50%。图 6-1 给出了例 6-1 的仿真结果，这种方法在数字电路设计中具有广泛的应用。通过对输入时钟进行计数，可以精确地控制分频器的输出频率。在例 6-1 中，当计数器达到（16/2）−1=7 时，就会触发分频输出时钟的翻转。这样可以确保分频输出频率是输入频率的 1/16，即 16 分频。这种方法非常有效，因为它不需要使用复杂的电路或器件，只需使用简单的计数器和触发器就可以实现。

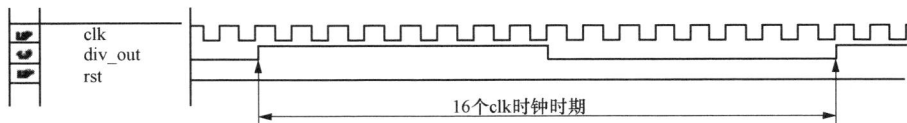

图 6-1　占空比为 50% 的 16 分频电路仿真结果

6.1.2　奇数分频

　　实现奇数分频的方法之一是使用计数器。在 VHDL 程序中，例 6-2 展示了一个设计了 15 分频计数器的实体部分。该计数器通过适当的逻辑设计，使得在计数到特定值时输出一个脉冲信号，实现了 15 分频的功能。这种方法有效地对时钟信号进行分频，以获得所需的频率。通过适当的修改计数器的计数规则，可以实现其他奇数分频，例如 7 分频或者 11 分频。

【例 6-2】以计数器设计的 15 分频计数器程序。

```
ARCHITECTURE a OF div_fre IS
SIGNAL cnt:STD_LOGIC_VECTOR (3 DOWNTO 0);
SIGNAL div_tmp:STD_LOGIC;
BEGIN
PROCESS (clk)
BEGIN
IF(rst='1)THEN
  cnt<="0000";
ELSIF (clK EVENT AND clk='1)THEN
    IF(cnt="1110")THEN
      cnt<=(OTHERS=>'0');
      div_tmp<='1;
    ELSE
      cnt<=cnt+1;
      div_tmp<='0;
    END IF;
  END IF;
END PROCESS;
div_out<=div_tmp;
END a;
```

图 6-2 给出了例 6-2 的仿真结果。

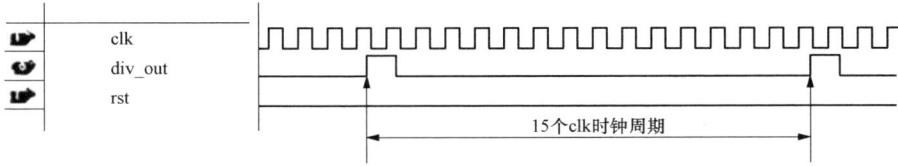

图 6-2 占空比为 1:14 的 15 分频电路仿真结果

通过对比例 6-1 与例 6-2 的分频实现，可以明显观察到它们唯一的不同之处在于分频信号输出端置高电平的时刻。在例 6-1 中，实现了 16 分频，因此在计数到第 15 个被分频时钟时，将分频输出信号置高电平。无论是实现奇数分频还是偶数分频，只需在计数值为 $N-1$ 时使输出信号电平发生变化，而在其他计数值时输出信号电平维持不变，即可实现指定的 N 分频。这一方法简单直观，完全依赖于计数器的逻辑设计。然而，这种方法的不足之处在于占空比只能在 1:$N-1$ 或 $N-1$:1 之间变化。针对奇数分频实现占空比为 50% 的需求，可以借鉴例 6-1 中实现偶数分频占空比为 50% 的方法，并做出相应调整，增加部分语句。这一方法不仅能够满足频率分频的要求，还可以保持稳定的占空比，适用于各种应用场景，如数字系统的时序控制、通信系统的信号处理。

6.1.3 X.5 分频

对于某些应用场景，需要进行小数位为 0.5 的分频，这对于传统的整数分频器来说是一种挑战。例如，如果有一个 12 MHz 的时钟源，但需要产生一个 1.85 MHz 的时钟信号，这时整数分频器无法胜任。在这种情况下，可以采用一种新的方法来实现分频系数为 $N=6.5$ 的分频器。通过 VHDL 编程实现 $N=6.5$ 的分频器，可以采用以下策略。首先，进行模 7 的计数，在计数到 6 时，将输出时钟赋值为 "1"，并将计数值清零。这样，当计数值为 6 时，输出时钟才为 1。接着，设计一个扣除脉冲电路，每到 7 个脉冲就扣除一个脉冲，从而实现 $6+0.5$ 分频时钟。通过这种方法，可以设计出分频系数为任意半整数的分频器。假设需要实现 6.5 分频的时钟，首先计数到 6 时输出一个脉冲，然后通过扣除脉冲电路，在 7 个时钟周期内扣除一个脉冲，从而实现了 6.5 分频。这种方法可以有效地实现对时钟信号的精确控制，满足各种复杂的时序要求。例 6-3 按照这种方法编制了 VHDL 程序，并通过仿真验证了其正确性，仿真结果如图 6-3 所示。

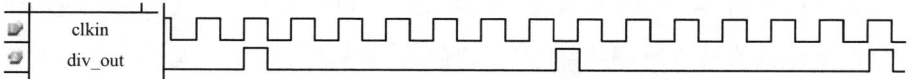

图 6-3　6.5 分频电路仿真结果

【例 6-3】分频系数为 6.5 的分频器程序设计。

```
LIBRARY IEEE;

USE IEEE.STD_LOGIC_1164.ALL;

USE IEEE.STD_LOGIC_UNSIGNED.ALL;

ENTITY div_half IS

PORT(clkin:IN STD_LOGIC;

    div_out:BUFFER STD_LOGIC);

END div_half;

ARCHITECTURE a OF div_half IS

SIGNAL clktmp,out_divd:STD_LOGIC;

SIGNAL cnt:STD_LOGIC_VECTOR(3 DOWNTO 0);

BEGIN

clktmp<=clkin XOR out_divd;

P1:PROCESS(clktmp)

BEGIN

  IF clktmp'EVENT AND clktmp='1'THEN

    IF  cnt="0110" THEN

      out_div<='1';cnt<="0000";
```

```
  ELSE

    cnt<=cnt+1;out_div<='0';

  END IF;

END IF;

END PROCESS P1;

P2:PROCESS(out_div)

BEGIN

  IF out_div'EVENT AND out_div='1'THEN

    out_diyd<=NOT out_divd;

  END IF;

END PROCESS p2;

div_out<=out_div;

END a;
```

6.2　交通灯控制器

　　本节介绍了一种模仿十字路口交通灯控制效果的 VHDL 编程方法。实验平台上使用红、黄、绿三种色彩的 LED 灯分别代表红灯、黄灯和绿灯，在东西方向和南北方向各安装一组。通过编程控制不同方向、不同颜色的 LED 灯按照交通指挥的规律亮灭，实现交通信号灯的控制。这种实验设计旨在模拟现实生活中交通信号灯的工作原理，通过 VHDL 编程控制 LED 灯的亮、灭，使其具有类似于真实交通信号灯的效果。根据交通规则，当东西方向为绿灯时，南北方向为红灯；当东西方向为黄灯时，南北方向同样为红灯；而当南北方向为绿灯时，东西方向为红灯；当南北方向为黄灯时，东西方向同样为红灯。这种交替的灯光亮灭规律，能够有效地指挥交通流动，确保交通的安全和有序进行。

6.2.1　交通灯控制器的功能描述

在这个设计中，东西方向和南北方向车流量相近，因此红、黄、绿灯的时长相同：红灯 25 秒，黄灯 5 秒，绿灯 20 秒。这样的时长设置能够有效地控制交通流动，保证交通安全。同时，通过数码管指示当前交通灯状态的剩余时间，使驾驶员和行人能够清晰地了解交通信号灯的变化情况，增强交通参与者的安全意识。此外，还设计了一个紧急状态，当紧急情况出现时，两个方向都禁止通行，指示红灯；在紧急状态解除后，重新计数并指示正常的交通灯状态。这种设计能够在紧急情况下及时控制交通，保障现场的安全和秩序，为紧急救援提供便利。

6.2.2　交通灯控制器的实现

交通灯控制器是状态机的典型应用，其状态可以根据东西和南北方向的不同组合来定义。例如，可以定义四种状态组合：红绿、红黄、绿红、黄红。虽然这种状态组合看起来较为复杂，但实际上可以简化为两个减 1 计数的计数器。通过检测两个方向的计数值，就可以确定红、黄、绿灯的状态变化。这种设计将一个较为复杂的状态机设计简化为了一个较简单的计数器设计，大大降低了逻辑复杂度和设计难度。如表 6-1 所示。

表 6-1　交通灯的四种可能亮灯状态

状态	东西方向			南北方向		
	红	黄	绿	绿	黄	红
1	1	0	0	1	0	0
2	1	0	0	0	1	1
3	0	0	1	0	0	1
4	0	1	0	0	0	1

本例中，假设东西方向和南北方向的黄灯时间都是 5 秒。在设计交通灯控制器时，可以在简单计数器的基础上增加一些状态检测，通过检测两个方

向的计数值来确定交通灯应处于四种可能状态中的哪一个状态。交通灯控制
器的外部接口如图 6-4 所示，它可能包括输入信号和输出信号。输入信号包
括东西方向和南北方向的计数值，用于检测当前交通灯应处于的状态。输出
信号则可以是 LED 灯的控制信号，用于控制交通灯的亮灭。通过检测两个
方向的计数值，交通灯控制器可以确定当前应该显示的交通信号灯状态。在
设计交通灯控制器时，需要考虑各种可能的状态转移情况，以确保交通灯的
控制能够按照预期进行。

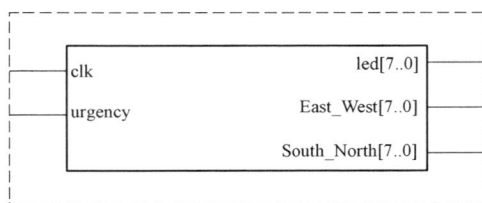

图 6-4　交通灯控制器外部接口

同时，还需要考虑紧急情况下的处理，针对紧急情况，可以设计一个异
步时序电路，用于在紧急情况下禁止通行，指示红灯。这个异步时序电路可
以在发生紧急情况时立即启动，独立于交通灯控制器的运行。当紧急情况解
除后，异步时序电路会恢复正常工作。在程序中还应当考虑防止出现非法状
态，即在程序运行后应该判断东西方向和南北方向的计数值是否超出范围。
这可以通过适当的边界条件和错误检测机制来实现。一旦两个方向的计数
值正确后，就不可能再计数到非法状态，因此这个检测机制只在电路启动运
行时有效。

6.2.3　交通灯控制器的 VHDL 程序

在交通灯的 VHDL 描述中，输出信号 led 通常用于控制实际电路板上的
LED 灯，以显示当前交通灯的状态。这 6 位输出信号分别对应于电路板上的
6 个 LED 灯，每位的变化将直接影响对应 LED 的亮灭状态。通过这种方式，
可以直观地展示交通灯控制器的工作状态，提高交通参与者对于交通信号的

理解和遵守程度。表 6-2 中列出了每位输出信号 led 与实际电路板上 LED 之间的对应关系，这种对应关系有助于在设计和调试过程中准确地确定 LED 灯的控制逻辑。

表 6-2　CPLD 输出信号与 LED 对应关系

led（5）	led（4）	led（3）	led（2）	led（1）	led（0）
东西方向			南北方向		
红灯（30 秒）	黄灯（5 秒）	绿灯（20 秒）	绿灯（20 秒）	黄灯（5 秒）	红灯（30 秒）

交通灯控制器的 VHDL 程序如例 6-4 所示。

【例 6-4】交通灯控制器的 VHDL 程序。

```
LIBRARY IEEE;

USE IEEE.STD_LOGIC_ 1164.ALL;

USE IEEE.STD_LOGIC_UNSIGNED.ALL;

ENTITY traffic IS

PORT(f10MHz,urgency:IN STD_LOGIC;

        led:OUT STD_LOGIC_VECTOR(5 DOWNTO 0);

East_West,South_North:buffer STD_LOGIC_VECTOR(7 DOWNTO O));

END traffic;

ARCHITECTURE rtl of traffic IS

SIGNAL cnt:INTEGER RANGE O TO 10000000;

SIGNAL clk:STD_LOGIC;

BEGIN

PROCESS(f10MHz)

    BEGIN

      IF f10MHz'EVENT AND f10MHz='1'THEN

        IF cnt=4999999 THEN cnt<=0;clk<=NOT clk;

        ELSE cnt<=cnt+1;
```

```
        END IF;
      END IF;
   END PROCESS;
   PROCESS(clk)
   BEGIN
     IF  urgency='0'THEN            --紧急状况
     led<="100001";
     East_West<="00000000";
     South_North<="00000000";
   ELSIF  clk'EVENT  AND  clk='1'THEN
```

--当进入计数错误时纠正到东西方向亮红灯、南北方向亮绿灯的状态

```
     IF  East_West"00110001"or  South_North>"00110001"THEN
```

--东西方向红灯余 5 秒，南北方向进入黄灯 5 秒阶段

```
     East_West<="00110000";
     South_North<="00100000";
     led<="100100"; --东西方向亮红灯，南北方向亮绿灯
   ELSIF East_West="00000110"AND South_North="00000001"THEN
   East_West<="00000101";
   South_North<="00000101";
   led<="100010";
ELSIF  East_West="00000001" AND  South_North="00000001"AND
   led="100010"THEN
   East_West<="00100000";
   South_North<="00110000";
    led<="001001";                --东西方向进入绿灯,南北方向进入红灯
  ELSIF  East_West="00000001"AND  South_North="00000110"THEN
   East_West<="00000101";
```

```
            South_North<="00000101";
        led<="010001";   --东西方向开始亮黄灯,南北方向的红灯还余 5 秒
    ELSIF East_West="00000001"AND South_North="00000001"
            AND led="010001"      THEN
        East_West<="00110000";
        South_North<="00100000";
        led<="100100";       --东西方向亮红灯,南北方向亮绿灯
    ELSIF East_West(3 DOWNTO O)=0 THEN
        East_West<=East_West-7;        --满足 BCD 码减法要求
        South_North<=South_North-1;    --正常减 1
    ELSIF South_North(3 DOWNTO O)=0 THEN
        East_West<=East_West-1;
        South_North<=South_North-7;
        ELSE
        East_West<=East_West-1;
        South_North<=South_North-1;
        END IF;
        END IF;
    END PROCESS;
  END rtl;
```

在例 6-4 中，输出信号 East_West 和 South_North 分别用于表示东西方向和南北方向交通灯的剩余时间。为了能够直接将剩余时间显示到数码管上，程序对这两个信号进行了 BCD 码的处理。BCD 码是一种二进制编码系统，能够将 0 到 9 的十进制数字表示为四位二进制数。通过将 East_West 和 South_North 信号转换为 BCD 码，就可以将剩余时间直接送往 BCD 码译码电路，从而在数码管上显示出相关的数字。在 BCD 码译码电路中，每四位二进制数对应一个十进制数字，因此将 East_West 和 South_North 信号转换

为 BCD 码后，数码管上的显示将与交通灯的剩余时间一一对应。这种处理
方法简化了数码管显示的设计，更加方便和高效。通过 BCD 码的处理，可
以直接将二进制信号转换为人们熟悉的十进制数字，从而实现了对剩余时间
的直观显示。

6.3　数字频率计

设计一个数字频率计是一项常见的电子工程任务，其功能是测量输入脉
冲的频率并将结果显示在数码管上。为了实现这个功能，可以设计一个基于
计数器的频率计。

6.3.1　测频原理

频率计的基本原理是利用一个频率稳定度高的频率源作为基准时钟，来
对比测量其他信号的频率。通常情况下，会计算每秒钟待测信号的脉冲个数，
而这个时间段被称为闸门时间。然而，闸门时间并不局限于 1 秒，它可以是
任意长度的时间段，大于或小于 1 秒。

当闸门时间较长时，能够得到更准确的频率值。这是因为长时间的观测
允许更多的信号周期被测量，从而提高了测量的稳定性和准确性。但是，需
要注意的是，随着闸门时间的延长，每次测量的时间间隔也会相应延长，因
此频率计的响应速度会降低。当闸门时间较短时，频率计的响应速度会增加，
因为每秒钟内测量的次数增加了。然而，由于测量的时间缩短，所以每次测
量的精度可能会降低。这意味着频率计会更频繁地更新测量值，但是这些值
可能不够准确。在设计频率计时，需要权衡频率测量的精度和响应速度之间
的平衡。通常情况下，可以根据具体应用场景来选择适当的闸门时间。例如，
在对频率变化要求不是很严格的应用中，可以选择相对较长的闸门时间来提
高测量精度。而对于需要及时反馈频率变化的应用，则可以选择较短的闸门
时间以获得更快的响应速度。

6.3.2 频率计的组成结构分析

频率计的结构包括一个测频控制信号发生器、一个计数器和一个锁存器。

1. 测频控制信号发生器

测频控制信号发生器用于测量频率的控制时序。这个控制时序需要能够准确地控制计数器的开始、停止和清零，以确保对待测信号频率的准确测量。

一个控制时钟信号 clk，它被设定为 1 赫兹。通过对 clk 进行二分频，得到了 0.5 Hz 的信号 test_en，它被称为计数闸门信号。test_en 的周期为 2 秒，其中高电平持续 1 秒，低电平持续 1 秒。当 test_en 为高电平时，允许计数器进行计数；而当 test_en 由高电平变为低电平时，即产生一个下降沿，需要产生一个锁存信号，将当前的计数值保存起来。保存完数据后，在下一个 test_en 的上升沿到来之前，还需要产生一个清零信号 clear，以将计数器清零，为下一次计数做好准备。这种设计保证了对待测信号频率的准确测量。通过将 test_en 信号作为控制信号，可以精确地控制计数的开始和停止时机，并且在每次计数完成后及时清零，以确保下一次计数的准确性。而锁存信号的产生则保证了每次计数结果的准确存储，从而避免了数据的丢失或错位。

2. 计数器

计数器是频率计中的核心组件，它以待测信号作为时钟，并根据控制信号 test_en 的状态开始或停止计数。在设计中，需要确保计数器能够准确地记录待测信号的脉冲数量，并且能够将计数结果以十进制数的形式显示出来。将待测信号作为计数器的时钟输入，当 test_en 信号为高电平时，计数器开始计数；而当 clear 信号到来时，计数器将进行异步清零操作，以准备下一次计数。这样的设计确保了计数器的工作稳定性和可靠性，能够在正确的时机开始和停止计数，并且能够及时清零以准备下一次计数。计数器的输出 dout 将以十进制数的形式显示计数结果。在本例中，设计了一个简单的 10 kHz 以内信号的频率计，因此 dout 的输出位数较少。然而，如果需要测试更高频率的信号，则可以通过增加 dout 的输出位数来扩展计数范围，同时锁存器的位数也需要相应增加，以确保能够存储更大范围的计数结果。

3. 锁存器

当 test_en 信号的下降沿到来时，锁存器负责将计数器的计数值保存下来，以便后续的显示和处理。这样的设计带来了诸多好处，其中最显著的是数据的稳定性。与周期性的清零信号相比，锁存器能够确保显示的数据不会因为信号的闪烁而产生混乱，从而提高了用户体验和数据的可读性。锁存器的位数应与计数器完全一致。这样可以确保锁存器能够准确地存储计数器的计数值，并且保持数据的一致性。如果锁存器的位数不足以容纳计数器的计数值，可能会导致数据的溢出或截断，从而影响测量结果的准确性。因此，锁存器的位数选择应当充分考虑计数器的计数范围，以确保数据的完整性和稳定性。通过外部的 7 段译码器对锁存器的输出进行译码，可以将计数值显示在数码管上。数码管的显示结果直接反映了待测信号的频率，使得用户能够直观地了解信号的特性。而锁存器的作用在于确保数码管上的显示稳定可靠，不会因为外部信号的变化而产生抖动或不稳定的情况，从而保证了测量结果的准确性和可信度。

数字频率计外部接口如图 6-5 所示。

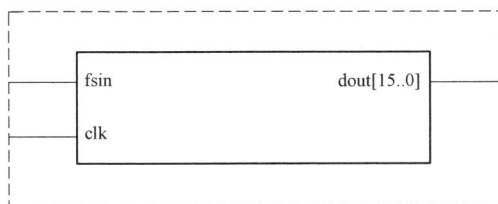

图 6-5　数字频率计外部接口

6.3.3　频率计的 VHDL 程序

数字频率计的 VHDL 程序如例 6-5 所示。

【例 6-5】数字频率计的 VHDL 程序。

```
LIBRARY IEEE;
    USE IEEE.STD_LOGIC_1164.ALL;
    USE IEEE.STD_LOGIC_UNSIGNED.ALL;
    ENTITY freq IS
    PORT(fsin:IN STD_LOGIC;
    --待测信号
        f10MHz:IN  STD_LOGIC;
    --锁存后的数据,显示在数码管上
        dout:OUT STD_LOGIC_VECTOR(15 DOWNTO O));
    END freq;
    ARCHITECTURE one of freq IS
    SIGNAL test_en:STD_LOGIC;
    --测试使能
    SIGNAL clear:STD_LOGIC;
    --计数清零
    SIGNAL data:STD_LOGIC_VECTOR(15 DOWNTO 0);--计数值5
    SIGNAL clk:STD_LOGIC;
    SIGNAL cnt:INTEGER RANGE O TO 5000000;
    BEGIN
      PROCESS(f10MHz)
  BEGIN
    IF f10MHz'EVENT AND f10MHz='1'THEN
      IF cnt=4999999 THEN cnt<=0;clk<=NOT clk;
        ELSE cnt<=cnt+1;
      END IF;
    END IF;
```

```
END PROCESS;
    PROCESS(clk)
    BEGIN
      IF clkEVENT AND clk='1'THEN test_en<=not test_en;
      END IF;
    END PROCESS;
    --信号 test_en 的上升沿到来之前清零
    clear<=not clk AND not test_en;

    PROCESS(fsin,clear)
    BEGIN
      IF   clear='1'THEN   data<="0000000000000000";
      ELSIF fsin'event AND fsin='1'THEN
        IF data(15 DOWNTO 0)="1001100110011001"THEN
            data<="0000000000000000";
        ELSIF data(11 DOWNTO 0)="100110011001"THEN
            data<=data+"011001100111";
        ELSIF data(7 DOWNTO 0)="10011001"THEN data<=data+"01100111";
        ELSIF data(3 DOWNTO 0)="1001"THEN data<=data+"0111";
        ELSE data<=data+'1';
        END IF;
      END IF;
    END PROCESS;-- 处理输入信号和计数清零的过程

PROCESS(test_en,data)
BEGIN
  IF test_en'event AND test_en='0'THEN dout<=data;
```

```
    END IF;
  END PROCESS;--将计数结果输出到 dout 的过程
END one;
```

6.4 实用数字钟电路

在数字电路设计中，数码显示译码电路的实现方式对硬件资源的占用和系统的整体效能有着直接影响。数码管作为显示设备在许多应用中都非常常见，例如，在数字钟中用于显示时、分、秒。数码管控制方式的选择，无论是静态显示还是动态扫描显示，都有其各自的优势和局限。静态显示方式的工作原理相对简单，每个数码管的各个段（如 a 至 h）根据需要显示的数字或字母被单独控制。例如，在显示数字 2 时，特定的段 LED 被激活以形成该数字的形状。这种方式的优点在于显示稳定，不存在因扫描频率不足而导致的闪烁问题。然而，静态显示的最大缺点在于它需要大量的 I/O 引脚来控制数码管的每一段，这在引脚数量有限的场合下显得尤为不利。在一个典型的数字钟设计中，至少需要 6 个数码管来分别显示时、分、秒，如果每个数码管需要独立控制 8 个段，则总共需要 48 个引脚，这对于 FPGA 或其他数字逻辑设备而言，无疑是一种极大的资源浪费。

为了有效节省引脚资源并简化电路设计，动态扫描显示成为了一种更为普遍和实用的控制方法。动态扫描的基本原理在于快速地轮流激活每个数码管，每次只有一个数码管被激活并显示其对应的数字或字母，通过快速地切换显示内容，利用人眼的视觉暂留效应，给观察者以同时显示多个字符的错觉。这样，即使在有限的 I/O 引脚条件下，也能实现对多个数码管的有效控制。动态扫描的实现要求设计者精心规划扫描频率和控制逻辑。扫描频率必须足够高，以确保显示没有可感知的闪烁，通常这个频率要远高于人眼能够察觉的最低闪烁频率（大约为 24 Hz）。此外，动态扫描控制逻辑的设计也需要考虑如何高效地切换数码管的显示内容，以及如何在短时间内完成对各段

LED 的正确驱动。动态扫描显示不仅显著降低了对 I/O 引脚的需求，还为高质量的 PCB 布局布线提供了便利。通过减少必需的引脚数量，可以简化电路设计，降低系统的复杂度，同时也有助于提高电路的可靠性和稳定性。此外，动态扫描方法还有助于降低系统的功耗，因为在任何给定时间内，只有一小部分的 LED 被激活。动态扫描的原理如图 6-6 所示。

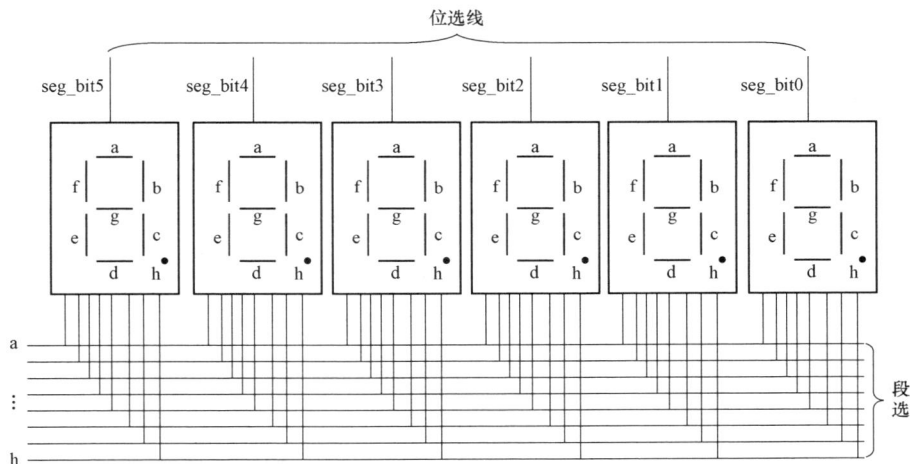

图 6-6　动态扫描原理图

在动态扫描显示方式中，为了减少 FPGA 芯片的引脚数目，每个数码管的段选线 a～h 被连接到一起，而位选线则相互独立。这样的设计使得在显示过程中，由位选线来确定哪个数码管处于亮的状态。举例来说，如果当前段选线 a～h 的电平为 "11011010"，那么根据对应的段选码，该数码管将会显示数字 "2"。

采用动态扫描方式控制多个数码管时，每个时刻只能在其中一个数码管上显示特定的数字或符号。在数字钟的设计中，若要在图 6-6 所示的数码管上显示时钟，可以将其划分为左侧两个显示小时，中间两个显示分钟，右侧两个显示秒钟。

考虑到人眼的视觉惰性，数字时钟中的 6 个数码管可以利用视觉暂留效应，使得在视觉暂留时间内依次显示数字，从而给人眼造成所有数码管同时显示不同数字的错觉。以图 6-6 所示的 6 个数码管为例，若设定视觉暂留时间为 60 ms，则每个数码管的数字显示时间不能超过 10 ms。

针对动态扫描这 6 个数码管的设计要求，确保每个数码管的位选线保持低电平的时间不超过 10 ms 即可。在图 6-7 中，展示了 FPGA 以动态扫描方式驱动数码管的外部连接图，清晰地展示了数码管与 FPGA 芯片之间的连接关系，以及信号传输的路径。这种设计充分考虑了时序控制和电路连接的问题，确保了信号能够准确地传输到每个数码管，以实现数字的动态显示。而在图 6-8 中，则展示了数字钟在 FPGA 内部的功能结构图，显示了数字时钟在 FPGA 内部的组成部分和功能模块之间的连接关系。通过这样的设计，数字时钟可以在 FPGA 芯片内部完成对时钟的控制和显示，实现了功能的集成和优化。同时，这也为数字时钟的设计提供了便利和灵活性，使得其可以根据需要进行功能扩展和优化，满足不同应用场景的需求。

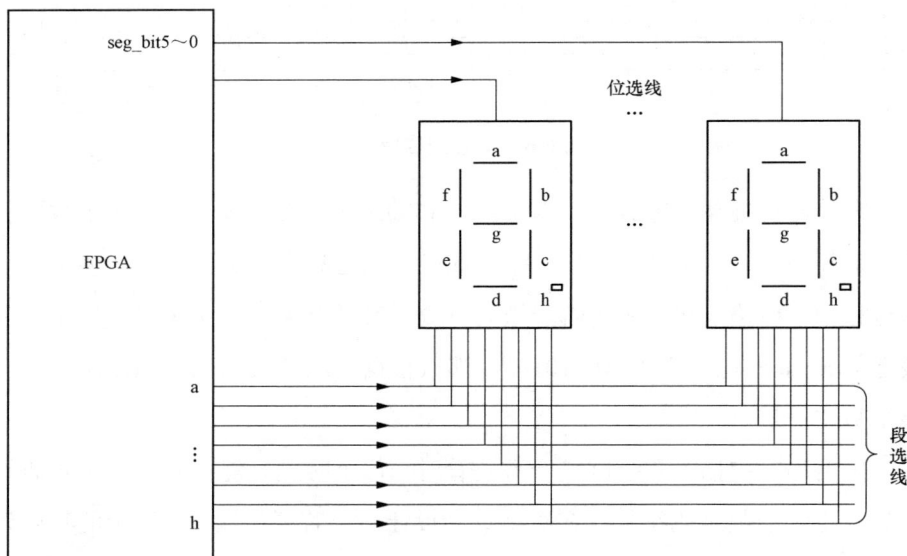

图 6-7　FPGA 与数码管外部连接示意图

从图 6-8 中可以清晰地看出，数字钟系统由分频模块 fdiv、时钟产生模块 clock，以及时钟显示驱动模块 seg_disp 组成。分频模块 fdiv 负责将输入的时钟信号进行分频，以满足时钟显示的要求；时钟产生模块 clock 则负责产生时钟信号，并将其提供给分频模块和时钟显示驱动模块使用；而时钟显示驱动模块 seg_disp 则是整个系统的核心，负责将时钟信息转换为数码管所需的段选码，并控制数码管的动态扫描显示。

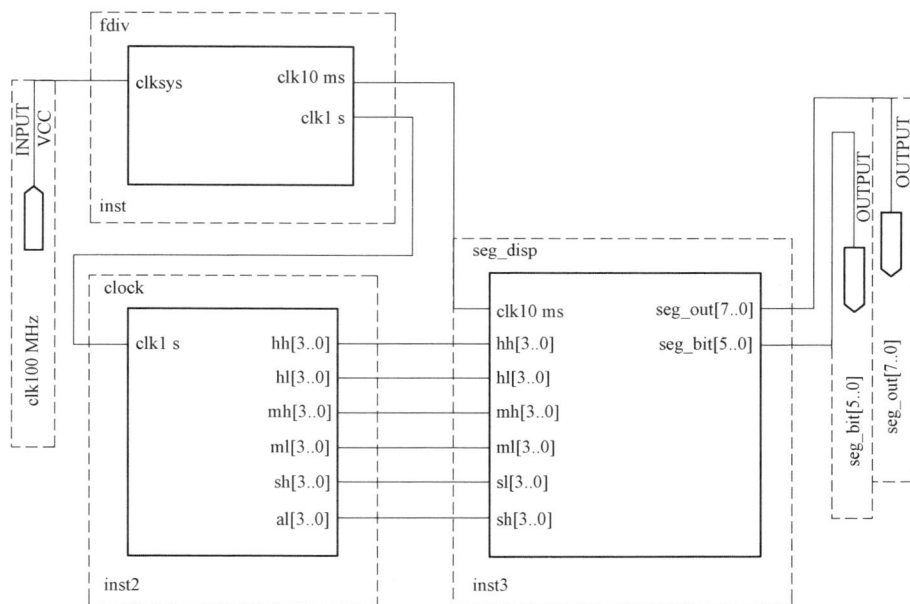

图 6-8 数字钟系统结构图

6.4.1 时钟分频模块

时钟产生模块负责生成各种时钟信号，如秒钟、分钟和小时的时钟信号，并控制时钟的递增和归零。根据系统需求，在时钟产生模块中需要对系统时钟进行适当的分频，以产生所需的周期性时钟信号。首先，需要生成 1 秒的时钟信号。由于系统时钟频率为 10 MHz，需要将其分频为 1 Hz 的频率。因此，需要对系统时钟进行 $10\,Hz \div 10^6 = 1$ 赫兹的分频，即每 10 000 000 个时钟周期产生一个 1 s 的时钟信号。接着，生成 10 ms 的时钟信号。根据要求，每个数码管的数字显示时间不能超过 10 ms，因此需要每 10 ms 点亮一个数码管。首先，需要将系统时钟分频为 10 ms 的时钟信号。同样以系统时钟频率 10 MHz 为基础，需要进行 10 MHz÷100＝100 000 分频，每 100 000 个时钟周期产生一个 10 ms 的时钟信号。最后，生成分钟和小时的时钟信号。每 60 s 时，分钟进一位；每 60 min 时，小时进一位。因此，需要在 1 s 的基础上进行进一步的分频。对于分钟信号，需要对 1 s 的时钟信号进行 60 的分频，即每 60 s 产生一次分钟时钟信号。而对于小时信号，需要在分钟信号的基础上再进行 60 的分频，即每 3 600 秒产生一次小时时钟信号。

分频的基本原理 6.1 节已经阐述过，例 6-6 为产生以上分频效果的 VHDL 源程序。

【例 6-6】时钟分频程序。

```
LIBRARY IEEE;
USE IEEE.STD_LOGIC_1164.ALL;
ENTITY fdiv IS
    PORT(clk10MHz:IN STD_LOGIC;
      clk10ms,clk1s:OUT STD_LOGIC);
END fdiv;
ARCHITECTURE one OF fdiv IS
SIGNAL    clktmp_ms,clktmp_s:STD_LOGIC;
SIGNAL cnt_ms:INTEGER RANGE 0 TO 49999;
SIGNAL  cnt_s:INTEGER  RANGE0  TO  49;
BEGIN


    PROCESS(clk10MHz,cnt_ms,clktmp_ms)
    BEGIN
      IF clk10MHzevent AND clk10MHz='1' THEN
        IF cntms=49999 THEN clktmp_ms<=NOT clktmp_ms;cnt_ms<=0;
          ELSE cnt_ms<=cnt_ms+1;
          END IF;
```

```
    END  IF;

  END PROCESS;


  PROCESS(clktmp_ms)

  BEGIN

    IF clktmp_ms'event AND clktmp_ms='1' THEN

      IF cnts=49 THEN clktmp_s<=NOT clktmp_s;cnt_s<=0;

      ELSE cnt_s<=cnt_s+1;

      END IF;

    END IF;

  END PROCESS;

  clk1s<=clktmp_s;

  clk10ms<=clktmp_ms;

END one;
```

6.4.2　时钟产生模块

数字钟的最终目的是在数码管上显示时、分、秒形式的时间，实现这一目的首先要产生时、分、秒数据，这一功能由时钟产生模块提供，具体的时钟产生程序如例 6-7 所示。

【例 6-7】时钟产生程序。

```
LIBRARY IEEE;

USE IEEE.STD_LOGIC_1164.ALL;

USE IEEE.STD_LOGIC_UNSIG;


ENTITY clock IS

  PORT(clk1s :IN STD_LOGIC;

    hh,hl,mh,ml,sh,sl :OUT STD_LOGIC_VECTOR(3 DOWNTO 0));
```

```
END clock;


ARCHITECTURE a of clock IS
  SIGNAL tmpSL,tmpSH:STD_LOGIC_VECTOR(3 DOWNTO 0);
  SIGNAL tmpML,tmpMH:STD_LOGIC_VECTOR(3 DOWNTO 0);
  SIGNAL tmpHL,tmpHH:STD_LOGIC_VECTOR(3 DOWNTO 0);
  SIGNAL mco,hco: STD_LOGIC:='0';
  BEGIN
second:PROCESS(clk1s)
  BEGIN
  IF(clk1s'event  AND  clk1s='1) THEN
    IF(tmpSH="0101"AND  tmpSL="1001") THEN
       tmpSH<="0000";tmpSL<="0000";mco<='1';
    ELSIF tmpSL="1001"THEN tmpSL<="0000";
       tmpSH<=tmpsH+1;mco<='0';
       ELSE    tmpSL<=tmpSL+1;mco<='0';
       END IF;
       END IF;
  END PROCESS;


 minute: PROCESS(mco)
   BEGIN
     IF(mco'event AND mco='1') THEN
        IF(tmpMH="0101"AND  tmpML="1001")THEN tmpMH<="0000";
            tmpML<="0000";hco<='1';
        ELSIF tmpML="1001"THEN tmpML<="0000";
            tmpMH<=tmpMH+1;hco<='0;
```

```
        ELSE  tmpML<=tmpML+1;hco<=0';

      END IF;

    END IF;

  END PROCESS


  hour:PROCESS(hco)

      BEGIN

      IF(hco'event AND hco='1') THEN

IF(umpHH="0010"AND tmpHL="0011")THEN tmpHH<="0000";tmpHL<="0000";

      ELSIF  tmpHL="1001"THEN

          tmpHL<="0000";tmpHH<=tmpHH+1;

      ELSE    tmpHL<=tmpHL+1;

      END IF;

    END IF;

    END PROCESS;

    sl<=tmpSL;sh<=tmpSH;

    ml<=tmpML;mh<=tmpMH;

    hl<=tmpHL;hh<=tmpHH;

  END a;
```

6.4.3　数码管显示驱动模块

数码管显示驱动模块的任务是动态扫描 6 个数码管，并在人眼的视觉暂留时间内将时、分、秒 6 个数字都显示一遍，具体的数码管显示驱动程序如例 6-8 所示。

【例 6-8】数码管显示驱动程序。

```
    LIBRARY IEEE;

    USE IEEE.STD_LOGIC_ 1164.ALL;
```

```
USE IEEE.STD_LOGIC_UNSIGNED.ALL;

ENTITY seg_disp IS

  PORT(clk10ms:IN STD_LOGIC;

      segout:OUT STD_LOGIC_VECTOR(7 DOWNTO 0);

      seg_bit:OUT STD_LOGIC_VECTOR(5 DOWNTO 0);

      hh,hl,mh,ml,sl,sh:STD_LOGIC_VECTOR(3 DOWNTO O));

END seg_disp;

ARCHITECTURE one of seg_disp IS

   SIGNAL OUT1:STD_LOGIC_VECTOR(3 DOWNTO 0);

   SIGNALQ    :STD_LOGIC_VECTOR(2 DOWNTO 0);

   BEGIN


 PROCESS(clk10ms)

 BEGIN

 IF clk10ms'event AND clk10ms='1' THEN

    IF Q="101"THEN Q<="000";

    ELSE Q<=Q+1;

    END IF;

  END IF;

END PROCESS;

PROCESS(Q)

BEGIN

 CASEQIS

   WHEN "000"=>OUT1<=sl;seg_bit<="111110";

   WHEN "001"=>OUT1<=sh;seg_bit<="111101";

   WHEN "010"=>OUT1<=ml;seg_bit<="111011";

   WHEN"011"=>OUT1<=mh;seg_bit<="110111";
```

```
            WHEN"100"=>OUT1<=hl;seg_bit<="101111";

            WHEN"101"=>OUT1<=hh;seg_bit<="011111";

            WHEN others=>seg_bit<="111111";

        END CASE;

    END PROCESS;

  PROCESS(out1)

      BEGIN

        CASE out1 IS

          WHEN "0000"=>seg_out<="11111100";    --display 0;

          WHEN "0001"=>seg_out<="01100000";    --display 1;

          WHEN "0010"=>seg_out<="11011010";    --display 2;

          WHEN"0011"=>seg_out<="11110010";     --display 3;

          WHEN "0100"=>seg_out<="01100110";    --display 4;

          WHEN "0101"=>seg_out<="10110110";    --display 5;

          WHEN"0110"=>seg_out<="00111110";     --display 6;

          WHEN "0111"=>seg_out<="11100000";    --display 7;

          WHEN"1000"=>seg_out<="11111110";     --display 8;

          WHEN"1001"=>seg_out<="11110110";     --display 9;

          WHEN others=>seg_out<="00000000";

        END CASE;

      END PROCESS;

    END one;
```

6.5　LCD 接口控制电路

LCD 作为一种低功耗、小体积、易于使用的显示设备，在各个领域得到了广泛的应用。LCD 显示器通常分为图形 LCD 和字符 LCD 两种类型。图形

LCD 可以显示复杂的图形，而字符 LCD 只能显示字符和简单的图形，但是字符 LCD 的尺寸较小，控制相对简单，成本也较低，因此在对显示内容要求不高的场合更受欢迎。目前市场上主流的字符 LCD 都基于液晶控制模块 HD44780LCM。HD44780LCM 是一款典型的 16 字×2 行的字符液晶模块，它具有控制简单、功能较强的指令系统，可以实现字符的移动、闪烁等功能。在 FPGA 芯片与 HD44780LCM 的接口设计中，VHDL 编程是一种常用的控制方法。VHDL 编程控制方法主要包括对液晶显示模块的初始化设置和对显示内容的控制。在初始化设置阶段，需要配置 FPGA 与 HD44780LCM 之间的通信协议，包括数据线、控制线的连接方式、指令的传输规则等。随后，通过 VHDL 编程实现对字符的显示、清除、移动等操作，以满足实际应用需求。通过 VHDL 编程控制 HD44780LCM，可以实现字符 LCD 显示器的灵活应用，包括在嵌入式系统中显示系统状态、实时数据等，以及在各种便携式设备中显示用户界面、提示信息等。

6.5.1 1602 字符 LCM 的内部存储器

LCD 显示模块是一种常见的显示设备，常用于嵌入式系统、仪器仪表和消费电子产品中。其中，1602 型 LCD 模块集成了 192 个 5×7 的常用字符，这些字符存储在字符产生器 ROM 中，每个字符都对应一个字符代码，与标准的 ASCII 码一致。此外，LCD 模块还提供了一个 512 位的字符产生器 RAM，用于存放用户自定义的字符。LCD 模块内部还有一个显示缓存 DDRAM，用于存放即将显示的字符代码。LCD 模块的指令系统规定，在发送字符代码指令之前，必须先指定字符的显示位置，也就是要发送 DDRAM 的地址。1602 字符的 DDRAM 地址与显示位置的对应关系可以参考表 6-3。

表 6-3　1602 字符 LCM 内部 DDRAM 地址与显示位置对应表

	1	2	3	4	5	6	7	8	9	10	11	12	13	14	15	16
DDRAM 地址	00	01	02	03	04	05	06	07	08	09	0A	0B	0C	0D	0E	0F
显示位置	40	41	42	43	44	45	46	47	48	49	4A	4B	4C	4D	4E	4F

　　LCD 模块具有 16 个水平显示位置，分别对应着 DDR AM 中的地址。这种对应关系能够准确地控制 LCD 屏幕上每个字符的显示位置和内容。例如，如果想要在第二行的第九列显示字符"A"，首先需要确定这个位置在 DDR AM 中的地址，根据表格可知，第二行第九列对应的 DDR AM 地址为 48H。然后，就可以向这个地址写入字符"A"的字符代码 41H，LCD 模块会根据 DDR AM 中的数据来显示相应的字符。

6.5.2　1602 字符 LCM 的引脚

　　1602 字符液晶模块（LCM）与 FPGA 的连接是通过 16 个引脚实现的。除了 5 个用于电源或接地的引脚外，其他引脚的功能需要通过 VHDL 编程由 FPGA 进行控制。这些引脚的功能如下。

　　4 脚 RS（寄存器选择端）：当电平为高时，选择数据寄存器 DR（数据寄存器），用于存放写入到 DDRAM 的字符代码；当电平为低时，选择指令寄存器 IR（指令寄存器），用于存放发送给 LCM 的控制命令代码。

　　5 脚 R/W（读写控制端）：当电平为高时，表示读取操作；当电平为低时，表示写入操作。

　　6 脚 EN（使能信号）：当电平为高时，允许对 LCM 进行读写操作；当电平为低时，不允许读写。

　　7 脚到 14 脚（DB0～DB7）：这是一个 8 位双向数据总线，用于传输数据或指令。

　　在 LCM 执行某项操作时，需要以上这些引脚配合工作。这种引脚的设计和控制方式使得 FPGA 能够有效地控制 LCM 的操作，从而实现对 LCD 显示的控制和管理。通过精确控制引脚的电平状态和数据传输，FPGA 可以实现对 LCM 的各种操作，包括显示字符、执行清屏操作、设置显示位置等，从而满足不同应用场景下的需求。

6.5.3　1602 LCM 指令系统

　　1602 LCM 是一种常见的液晶显示模块，其指令系统共有 11 条指令，其中 9 条需要送往指令寄存器 IR 后才能生效，而另外两条用于读写 CGRAM 和 DDRAM。在控制命令中，必须将指令写入 IR 寄存器，这要求 EN 为 1，RS 为 0，R/W 也为 0。

这些编码是指写入 DB7 到 DB0 的二进制代码，其中 X 表示可以取任意值。当需要对数据寄存器进行读或写时，只需要将 RS 置为 1，同时将 EN 置为 1。在读取数据寄存器时，将 R/W 置为 1，而在写入数据寄存器时，将 R/W 置为 0。相关的数据将会出现在 DB7 到 DB0 上。在介绍这些指令时，并未说明每条指令的执行时间，因为不同厂家生产的 LCM 的执行时间可能不完全相同。因此，使用时需要查询所选 LCM 的产品说明。特别是当使用 FPGA 和 LCM 接口时，需要特别注意确保每条指令都有足够的执行时间。在 HDL 编程中，通常会通过计数循环来实现一段时间的延迟，以为每条指令提供执行时间。

6.6　串口通信

串口通信是一种串行数据接口，采用逐位发送和接收字节的方式进行数据传输。长期以来，串口通信一直使用 RS-232C 标准进行数据传输，因此有时也称为 RS-232C 接口。RS-232C 接口协议规定了 25 根信号线，对应的串口接插件称为 DB25。但是，实际上，只需使用其中的 9 根线即可完成串口通信，对应的串口接插件称为 DB9。在通信双方始终处于就绪状态下准备收发数据时，可以采用最简单而实用的方法——三线连接法，即将地线、发送数据线和接收数据线分别对应相连。在 EDA 系统中，通常 CPLD 或 FPGA 芯片的数据运算能力相对于 CPU 而言较弱。因此，当数据需要进行复杂的运算处理时，经常需要将数据传送给 PC 机或其他 CPU 进行处理。由于 PC 机一般都具备串行口 COM1 或 COM2，因此通过串行口实现 CPLD 或 FPGA 与 PC 机之间的通信成为较为常见的选择。要使用 VHDL 编程按照 RS-232C 标准实现串口通信，需要设计波特率发生器、数据发送器和数据接收器三个部分。

6.6.1　异步串口数据传送格式

异步串口数据传送格式是串口通信中的重要指标，它涉及波特率、起始位、数据位、停止位、奇偶校验位等参数，这些参数必须在通信的两个端口匹配时才能正常进行数据传输。波特率是串口通信中最为重要的指标之一，它用来衡量数据传输速率，表示每秒钟传送的二进制代码的个数。以 1200 波特为例，表示每秒钟发送 1200 位。波特率的选择需要根据具体的通信需求和硬件条件来确定。在 RS-232C 串口通信中，当没有数据传输时，串口始终保持为逻辑"1"状态。当发送方准备发送数据时，会先发送一个逻辑"0"，这个低电平即为起始位。接收方收到起始位后，开始准备接收数据。起始位在异步串口通信中起到同步的作用，使接收方能够准确地获取数据。数据位是实际传送的信息数据，可以设置为 5、6、7 或 8 位，根据实际传送内容的需要进行设置。传送标准的 ASCII 码时，可以选择 7 位；而传送扩展的 ASCII 码时，可以选择 8 位。奇偶校验位是串口通信中常用的检错方式之一，通过约定奇偶校验方式来检测传输过程中是否出现错误。奇校验要求接收方收到数据位与检验位中"1"的个数始终为奇数，而偶校验则要求"1"的个数为偶数。通信双方在通信前必须事先约定好奇偶校验方式。停止位在检验位之后发送，表示一个数据的传送结束。停止位的数量可以是 1、1.5 或 2 位高电平。接收方在接收到停止位后，通信线路上便会恢复为高电平状态，等待下一个数据的传输开始。此外，停止位还能够校正收发双方的同步，停止位的数量越多，能够接受不同设备之间时钟同步的程度越大，但同时也会导致数据传输速率变慢。

6.6.2　用 VHDL 描述 RS-232C 串口

RS-232C 串口的 VHDL 程序如例 6-9 所示。

【例 6-9】RS-232C 串口的 VHDL 程序。

```
LIBRARY IEEE;
    USE IEEE.STDLOGIC_ 1164.ALL;
    USE IEEE.STD_LOGIC_ARITH.ALL;
    USE IEEE.STD_LOGIC_UNSIGNED.ALL;
    ENTITY uart IS
        GENERIC(d_len:INTEGER:=8);
        PORT(
        f10MHz:IN STD_LOGIC;          --系统时钟
          reset:IN STD_LOGIC;         --复位信号
            rxd:IN STD_LOGIC;         --串行接收
            txd:OUT STD_LOGIC         --串行发送
        );
    END uart;
    ARCHITECTURE behav of uart IS
    TYPEt_st IS(t_start,t_shift);
    SIGNAL t_state:t_st;
    TYPEr_st IS(r_start,r_shift);
    SIGNALr_state:r_st;
    SIGNAL data:STD_LOGIC_VECTOR(7 DOWNTO 0);
    SIGNAL baud_rate:STD_LOGIC;
    SIGNAL rxds:STD_LOGIC;

    BEGIN
    rxds<=rxd;
    PROCESS(f10MHz,reset)         --设置波特率发生器
    VARIABLE clk1200Hz:STD_LOGIC;
    VARIABLE count:INTEGER RANGE0 TO 8332;
```

```
BEGIN
    IF reset='0'THEN
        count:=0;
        clk1200hz:='0;
    ELSIF fl0MHzEVENT AND fl0MHz='1'THEN
      IF count=4165 THEN
          count:=0;  clk1200Hz:=NOT  clk1200Hz;
      ELSE
          count:=count+1;
      END IF;
    END IF;
        baud_rate<=clk1200Hz;
END PROCESS;
--数据发送部分
PROCESS(baud_rate,reset,data)
VARIABLEt_no:INTEGER  RANGE0TO 8;  --发送的数据各位的位
序号
    VARIABLE txds:STD_LOGIC;
    VARIABLE dtmp:STD_LOGIC_VECTOR(7 DOWNTO 0);
    BEGIN
      IF reset=0' THEN
          t_state<=t_start;
          txds:='1'
          t_no:=0;
        EL SIF baud_ rate'event AND baud._rate= ='1' THEN
          CASE t_state IS
          WHEN t_start=>
```

```
                                        dtmp:=data;

                                        txds:='0';         --发送开始

                                        t_state<=t_shift;


                          WHEN t_shift=> IF t_no=d_len THEN

                                        txds:='1';         --发送结束

                                        t_no:=0;

                                        t_state<=t_start;


                                   ELSE

                                        txds:=dtmp(t_no);
     --发送一字节数据


                                        t_no:=t_no+1;
                                   END IF;
                 WHEN others=>t_state<=t_start;
               END  CASE;
            END IF;
        txd<=txds;
        END PROCESS;
        --数据接收部分
        PROCESS(baud_rate,reset,rxds)
        VARIABLEr_no:INTEGER RANGEOTO 8;   --接收的数据各位的位序号
        BEGIN
          IF reset='0'THEN
             r_state<=r_start;
             data<="00000000";
```

```
ELSIF baud_rate'event AND baud_rate='1'THEN
    CASEr_state IS
    WHEN r_start=>
            IF nds=0'THEN
                r_state<=r_shift;r_no:=0;
            ELSE
                r_state<=r_start;r_no:=0;
            END IF;


    WHEN r_shift=>
            data(r_no)<=rxds;
            r_no:=r_no+1;
            IF r_no=d_len-1 THEN
            r_no:=0;
            r_state<=r_start;
        END IF;


  WHEN others=>   r_state<=r_start;
  END CASE;
 END IF;
END PROCESS;
END behav;
```

6.7　2FSK 信号产生器

本节用 VHDL 描述了一种 2FSK 信号产生器，利用 FPGA 或 CPLD 产生波形所需的数据，再通过片上 D/A 器件可观察到 2FSK 的输出波形。

6.7.1 FSK 基本原理

在通信领域，为了有效传送信息，需要将原始信号进行适当的变换，以便在传输过程中能够有效利用信道资源。在数字通信系统中，原始信号（如图像、声音）经过量化编码后变成二进制码流，称为基带信号。然而，数字基带信号并不适合直接传输，特别是在通过公共电话网络这样的低带宽信道传输。数字信号的频带通常较宽，不能直接传输，为了解决这一问题，需要将数字信号进行调制，转换成适合在信道上传输的模拟信号。其中，FSK（频移键控）是一种常用的数字调制方式之一。FSK 调制的波形如图 6-9 所示，其原理是通过调整信号的频率来表示数字信息，通常用两个不同的频率来表示二进制数据中的"0"和"1"。通过 FSK 调制，数字信号的频谱被转移到较低的频率范围内，从而适应了有限带宽的信道传输要求。在接收端，经过解调还原出原始的数字信号，完成信息的传输。

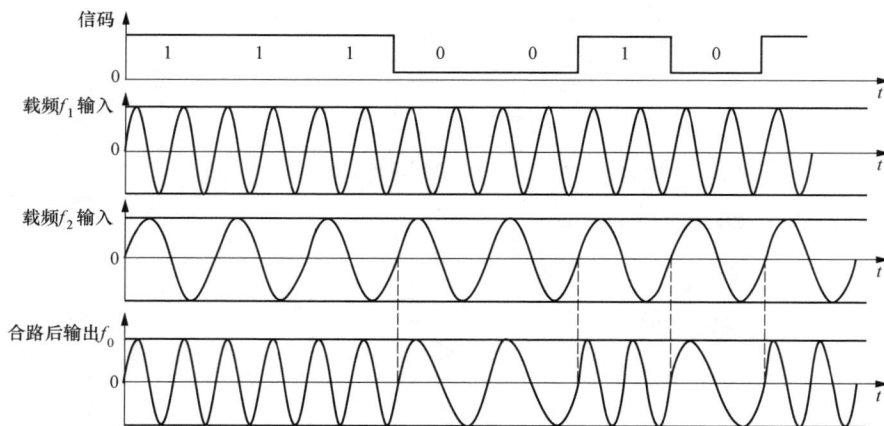

图 6-9 FSK 调制的波形

FSK 即移频键控，是一种利用载频频率的变化来传递数字信息的调制技术。在数字调频信号中，可以分为相位离散和相位连续两种。

相位离散的数字调频信号是指两个载频由不同的独立振荡器提供，它们之间的相位互不相关。这意味着在相位离散调频中，每个频率都有自己独立的振荡器，它们之间没有直接的相位关系。这样的调频信号在频率间切换时，相位不会发生连续性变化，而是呈现出明显的相位跳变。

相位连续的数字调频信号，其中两个频率由同一振荡信号源提供，只是对其中一个载频进行分频。这样产生的两个载频就是相位连续的。相位连续调频信号的特点是，频率间切换时，相位会连续地变化，而不会出现突变。无论是相位离散还是相位连续的数字调频信号，都可以用于 FSK 调制。在 FSK 中，数字信息通过改变载频频率来传递，而不同的载频对应不同的数字信号。这种调制技术在数字通信中得到广泛应用，特别是在数据传输领域，例如，调制解调器、无线通信系统等。

6.7.2　2FSK 信号产生器

2FSK（双频移键控）是数字通信领域常用的调制方式之一。它通过改变载频频率的方式，有效地传递数字信息。为了实现 2FSK 调制，通常会利用 FPGA（现场可编程门阵列）或 CPLD（复杂可编程逻辑器件）等数字器件，并使用 VHDL 编程语言准确地描述调制过程，以确保信号的可靠性和准确性。在实现 2FSK 调制的过程中，整个系统通常被划分为六个部分：分频器、M 序列产生器、跳变检测、2 选 1 数据选择器、正弦信号产生器和 DAC 模数变换器。其中，FPGA 或 CPLD 负责实现前五个部分，即通过编程控制实现信号的产生和处理，保证信号的准确性和稳定性。在这个系统中，正弦信号的采样值由 FPGA 或 CPLD 产生，通过时钟的变化控制输出正弦信号频率的变化，以伪随机序列作为被调制信号进行实验观察。通过 2 选 1 数据选择器，根据需要选择不同的载频频率，实现 2FSK 调制的频率切换。跳变检测模块则用于检测信号频率的变化，确保了调制过程的准确性。2FSK 调制信号发生器框图如图 6-10 所示。

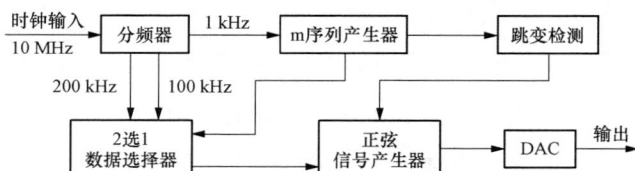

图 6-10　2FSK 调制信号发生器框图

1. m 序列产生器

在数字系统中，伪随机噪声常被称为伪随机序列，其中 m 序列是一种广泛应用的典型伪随机序列。m 序列利用了 3 级反馈移位寄存器带有两个反馈抽头的特性，可以生成一系列看似随机的"1110010"循环序列。为了防止进入全"0"状态，设计中增加了必要的门电路，保证了序列的稳定性和随机性。这样的设计结构使得 m 序列在通信领域得到了广泛的应用。图 6-11 展示了 m 序列产生器的电路结构。通过使用具有不同时钟频率的时钟信号，可以方便地改变输出码元的速率，从而适应不同的通信需求。这种灵活性使得 m 序列产生器在各种通信系统中都能够发挥重要作用。

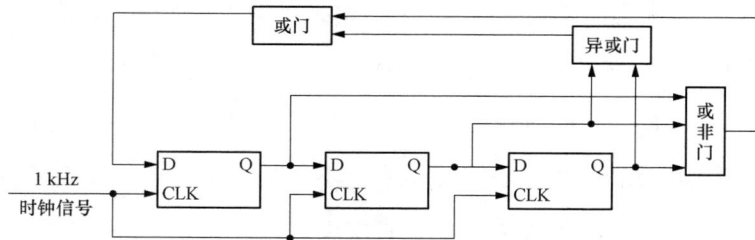

图 6-11　"1110010"伪随机 m 序列产生器

2. 跳变检测

在正弦波的产生中引入跳变检测可以确保每次基带码元的上升沿或下降沿到来时，对应输出波形位于正弦波形的 sin0 处。跳变检测的设计方案如图 6-12 所示，它是一种适用于可编程逻辑器件中实现的简单方法。在 VHDL 语言中描述这种跳变检测的方法非常简单。在时钟的有效边沿到达时，将基带码元（code）赋值给一个内部信号 temp，并将 code 与 temp 进行异或操作。

这样的操作能够实现在基带信号发生跳变时使检测电路输出一个高电平，而当基带信号保持为"1"或"0"时，跳变检测电路输出保持为低电平。通过这种设计，可以在正弦波的产生过程中实现跳变检测，从而确保输出波形的连续性。每当基带码元发生变化时，跳变检测电路都会输出一个高电平，这样可以在示波器上观察到一个连续的波形，使得波形显示更加清晰和准确。

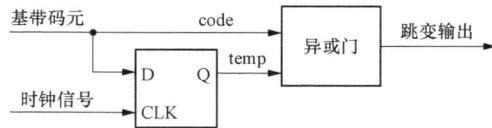

图 6-12　信号跳变检测电路

6.7.3　2FSK 的仿真结果

图 6-13 展示了 2FSK 信号产生器的仿真波形，其中包括了信号产生器的各种输入和输出。原始输入时钟 f10MHz 提供了基准时钟信号，用于同步系统的运行。coderate 信号用于决定 m 序列产生器输出序列的速率，影响着 m 序列数据流 mcode 的生成速度。而 mcode 则是由 m 序列产生器生成的伪随机序列，它的内容决定了最终输出波形 DACdata 的特征。通过观察仿真波形，可以看到 DACdata 波形的频率随着 m 序列内容的变化而变化。这意味着正弦信号的频率随着 m 序列的变化而在不同的频率间切换，从而实现了 FSK 的功能。这种频率的变化是由 m 序列在产生过程中所引发的，因为 m 序列的变化直接影响着最终输出信号的频率特性。

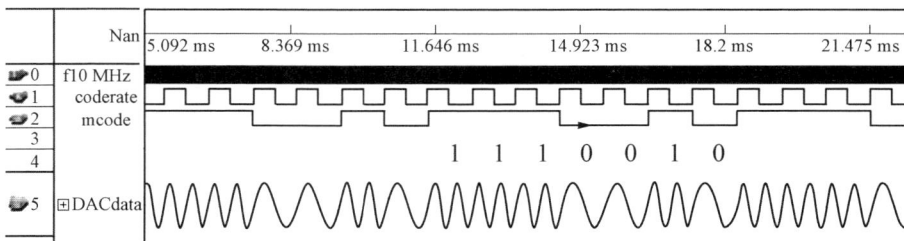

图 6-13　2FSK 信号产生器仿真波形图

6.8　AD 电路与 DA 电路

AD 电路和 DA 电路是现代电子系统中不可或缺的部分，它们分别负责将模拟信号转换为数字信号和将数字信号转换为模拟信号。在介绍这两类电路的设计和应用之前，首先需要理解模拟信号和数字信号的基本特性，以及它们在电子系统中的重要性。

6.8.1　模拟信号与数字信号

在现代电子工程和信息技术领域，模拟信号与数字信号构成了整个系统的基础。这两种信号之间的差异和互补性，是理解电子系统设计和应用的关键。深入探讨这些信号的本质、转换机制及其在实际应用中的表现，能够为我们打开理解复杂电子设备和通信系统的大门。

模拟信号代表着一种连续变化的信号形式，这种变化可以无限细分，理论上可以在任何微小的时间点上捕获信号的准确值。这种特性使模拟信号成为了捕捉和表达自然现象的理想工具。从微风拂动的声音到夜空中星星的闪烁，从温暖的阳光到寒冷的霜冻，所有这些感觉和现象都可以通过模拟信号被捕获、传输和再现。模拟信号之所以能够如此完美地记录和再现这些现象，是因为它能够精确地模仿自然界中物理量的连续变化。

模拟信号在电子系统中的应用极为广泛，不仅限于音频和视频领域。在传感器技术中，模拟信号用于精确测量温度、压力、湿度等多种环境和物理参数。这些传感器产生的模拟信号能够连续地反映环境条件的变化，为自动控制系统、环境监测和科学研究提供了精确的数据基础。在模拟电视和无线电通讯系统中，模拟信号同样扮演了重要角色，它能够将声音和图像转化为电波，通过空气传播，再由接收设备捕捉并还原。这一过程的连续性保证了信息传输的流畅和自然，为人们提供了沟通和娱乐的渠道。

在长距离传输或复杂的处理过程中，模拟信号容易受到各种噪声和干扰的影响。这些噪声可以来自于电磁干扰、设备的物理限制或环境条件的变化，它们会降低信号的质量，使原始信息失真。此外，模拟信号的存储和复制也面临着挑战。与数字信号不同，模拟信号的复制是一个模拟过程，每次复制都可能引入新的噪声和失真，导致信号质量逐渐降低。这使得模拟技术在某些应用场景中受到了限制，尤其是在那些要求高精度、长距离传输或大量数据存储和处理的领域。

面对模拟信号的这些局限，数字信号提供了另一种可能。与模拟信号的无限连续性不同，数字信号是基于离散值的表示方法。在数字信号中，信息被转化为二进制数字的序列，这些数字可以是 0 或 1，代表了信息的最基本单位——比特。

这种表示方式的一个显著优点是其对于噪声和干扰的强大抵抗力。在数字信号中，只要信号的变化幅度超过了一定的阈值，就能够被准确地识别和恢复，这意味着即使在传输过程中信号受到了干扰，只要干扰程度不超过阈值，接收端仍然可以准确地恢复出原始信号。这种特性使得数字信号在长距离传输、复杂处理和多次复制中都能保持较高的信号质量。

数字信号的另一个优点是其与现代电子计算技术的兼容性。在数字化的世界里，信息可以被高效地处理、存储和传输。数字信号处理（DSP）技术能够执行复杂的算法，对信号进行滤波、压缩、加密和解密，这些处理在模拟信号中要么无法实现，要么代价极高。数字存储介质，如硬盘、固态驱动器和光盘，提供了大容量、长期的数据保存能力，而且与模拟存储相比，数字存储几乎不会随时间退化。在通信领域，数字技术支持了高速互联网、数字电视和移动通信，这些技术已经成为现代社会的基础设施。

6.8.2 AD 电路的设计与应用

模数转换电路，也称 AD 电路，是现代电子系统中不可或缺的组成部分，承担着将模拟信号转换为数字信号的重要任务。在设计和应用这类电路时，工程师面临的主要挑战是如何在保证转换精度和效率的同时，最小化噪声和误差的影响。理解 AD 电路的工作原理和设计要素，对于开发高性能的电子系统至关重要。

在讨论 AD 电路的设计与应用之前，先对其工作过程进行简要回顾。AD 转换过程包括三个基本步骤：信号采样、量化和编码。这一连续的过程涉及将连续变化的模拟信号转换为可由数字系统处理的离散数字信号。每一步都对最终转换结果的质量有着直接的影响，因此，深入理解这些步骤对于设计高效、准确的 AD 电路至关重要。

信号采样是 AD 转换过程中的第一步。在这一阶段，在预定的时间间隔内测量连续的模拟信号幅值，产生一系列离散样本值。这个过程是通过采样定理来指导的，它规定了为了能够无损地从采样信号中恢复原始模拟信号，采样频率必须至少是信号最高频率成分的两倍。这个原理保证了信号采样的准确性，但在实际应用中，采样频率通常会更高，以便更好地捕捉信号的细节并减小混叠效应的影响。采样阶段的设计考量包括选择适当的采样率和开发高性能的采样电路，以最小化时间偏差和保证采样的一致性。

量化阶段紧随信号采样。在量化过程中，采样得到的模拟值被转换为有限数量级的值。这一步骤是通过将连续的采样值与一系列预定义的阈值进行比较，然后将每个采样值分配给最接近的量化级别来完成的。量化是一个近似过程，它引入了量化误差，这种误差是由于连续值被近似为最接近的离散级别造成的。量化的精度取决于所使用的位数，即量化级别的数量。位数越多，可用的量化级别就越多，量化误差就越小，转换结果就越精确。然而，增加位数的同时也会增加系统的复杂性和成本。因此，量化过程的设计需要在转换精度和系统资源之间找到合适的平衡。

编码阶段是 AD 转换过程的最后一步。在这一阶段，量化后的值被转换为数字代码，这些代码通常以二进制形式表示。编码不仅是一个简单的数字转换过程，它还涉及如何有效地表示信息，以及如何最小化存储和传输过程中的错误。高效的编码策略能够提高数据传输的可靠性和效率，同时减少所需的存储空间。

AD 电路在许多现代电子系统中都有广泛的应用。在声音采集系统中，如数字麦克风和音频录音设备，AD 电路用于将声波模拟信号转换为数字音频数据。这允许声音被数字化存储、传输和处理，为高质量的音频应用提供了基础。在图像处理领域，如数字相机和扫描仪，AD 电路将光信号转换为数字图像数据，使得图像可以在计算机上进行编辑、存储和分享。在传感器数据采集系统中，如温度监测和环境监控系统，AD 电路将传感器捕捉的模拟数据转换为数字形式，便于进行进一步的数据分析和处理。

设计高效、低噪声的 AD 电路是确保信号转换准确性和系统性能的关键。工程师不仅要理解 AD 转换的基本原理和步骤，还要熟悉各种设计技术和策略。例如，使用高质量的模拟前端和低噪声放大器可以提高信号的质量和准确性。采用先进的量化技术和算法，可以在不显著增加系统复杂度的情况下提高转换的精度和分辨率。此外，优化电路布局和采取适当的屏蔽和接地措施，可以最小化电磁干扰和噪声的影响。

6.8.3 DA 电路的设计与应用

数字到模拟转换（DA 转换）电路在现代电子系统中起着至关重要的作用，它使得数字信号能够被转换回其原始的模拟形式，以便可以通过模拟设备进行播放或显示。这一转换过程不仅要求高度的精确性，还需要考虑转换速率和系统的功耗等因素。深入探究 DA 电路的设计和应用，对于开发高质量的电子产品和系统来说是必不可少的。

DA 转换的核心在于将数字信号准确无误地转换为模拟信号，这一过程涵盖了解码、量化逆过程、模拟信号重建等关键步骤。首先，解码过程涉及将接收到的数字代码，如二进制代码，转换为对应的量化级别值。这一步是 DA 转换的基础，它将数字世界的离散信号转换为可以用于进一步转换的量化模拟值。紧接着，量化逆过程将这些量化级别值进一步转换为连续的模拟信号的初步形态。最后，通过模拟信号重建，即利用适当的滤波器，使这些离散的模拟值被平滑过渡，形成一个连续的模拟信号，从而完成整个 DA 转换过程。

设计高效且精确的 DA 电路对提高电子系统的性能至关重要。音频播放器、视频显示设备和数控机床等多种应用，都依赖于高质量的 DA 转换来确保输出信号的质量和准确性。例如，在数字音频播放器中，DA 电路的性能直接影响到音质的好坏；在数控机床中，则影响到加工的精度和效率。

在 DA 电路的设计过程中，转换精度是一个核心因素。转换精度直接关系到转换后模拟信号的质量，它受到多个因素的影响，包括解码的准确性、量化级别的划分细致度，以及信号重建过程中滤波器的性能。为了提高转换精度，设计师需要精心选择和设计电路中的每一个组成部分，从数字逻辑电路到模拟输出阶段，每一步都需要细致的优化和校准。

转换速率也是 DA 电路设计中的一个重要参数。在许多应用中，如视频播放和高速信号处理，需要电路能够快速地将数字信号转换为模拟信号，以满足实时处理的需求。转换速率的提高往往需要通过优化电路设计和采用更高性能的材料和技术来实现，这可能会增加电路的复杂度和成本。因此，设计师必须在转换速率和系统成本之间找到一个平衡点。在便携式和电池供电的设备中，低功耗设计是保证长时间运行的关键。通过采用低功耗电路设计技术、优化电源管理和选择高效能的电子组件，可以有效降低 DA 电路的功耗，延长设备的使用时间。

随着技术的发展，DA 电路的设计变得越来越复杂，但同时也更加高效和精确。现代 DA 转换技术，提供了更高的转换精度和速率，同时还能在一定程度上控制功耗。这些进步为电子系统的设计和应用打开了新的可能性，使得设计人员能够开发出更高性能、更低功耗且功能更加丰富的电子产品。

第 7 章　高级仿真技术与设计方法

在数字电路设计和电子设计自动化（EDA）技术的研究中，高级仿真技术和设计方法占据了核心地位。本章将深入探讨参数化建模、混合信号仿真技术、EDA 工具在集成电路设计中的应用、高级优化算法，以及电路仿真中的错误检测与修正技术，旨在向读者展示如何利用先进技术提升电路设计的效率和准确性。

7.1　参数化建模与自动化设计流程

参数化建模作为一种高效的设计策略，通过允许对关键设计参数进行定义和调整，极大增强了电路设计的灵活性和可重用性。此外，自动化设计流程的整合能够显著提高设计过程的效率，通过自动执行重复性的设计和验证任务，确保了过程的准确性和一致性，减少了时间消耗和潜在的错误。

7.1.1　参数化建模的核心概念

在当今的数字化和技术驱动的时代，电路设计领域正经历着前所未有的变革。这一变革的核心是参数化建模方法的引入和广泛应用。该方法使设计中的某些关键元素可通过参数调整而变得灵活，为电路设计带来了革命性改变。这种方法简化了设计过程，将一些过去需要手动进行的重复性工作自动化，从而极大地提升了整个设计流程的效率和灵活性。

参数化建模的核心理念在于将设计中的关键特性抽象化，使之可以通过预定义的参数进行调整。这意味着，在设计电路时，不再需要针对每一个特定的应用场景从头开始设计。相反，通过调整一组参数，就可以修改电路的关键特性，以适应不同的应用需求。这种方法不仅减少了设计过程中的重复劳动，还允许在设计阶段快速探索不同的设计选项，从而在早期阶段就能评估和优化电路性能。引入参数化建模后，电路设计的灵活性和效率得到显著提高。设计过程变得更加高效，因为可以快速调整参数来适应不同的设计需求，而不是每次都需要重新设计。这种方法的另一个优势是，它允许在设计阶段就进行广泛的性能评估，确保设计结果能够满足预定的性能标准。通过这种方式，可以在设计过程中及早发现潜在问题，并采取措施进行优化，这在传统的设计流程中是难以实现的。

在参数化建模中，关键参数的选择和调整对于实现高度灵活且可适应的设计方案至关重要。这些参数覆盖了电路的广泛物理和逻辑特性，包括电路元件的尺寸、电阻和电容的大小，以及逻辑功能的位宽和延迟时间。通过对这些参数进行细致的调整，可以在不同的设计阶段根据需求调整电路的特性，从而实现既符合性能要求又具有高度灵活性的电路设计方案。举例来说，调整数字电路中位宽参数的过程，本质上是在平衡数据处理的精度和速度之间关系的过程。位宽较宽的电路可以提供更高的数据处理精度，但可能会导致电路速度的降低。相反，位宽较窄的电路虽然可以提高速度，但可能会牺牲数据处理的精度。因此，通过精确控制位宽参数，可以根据特定应用的需求优化电路设计。同样，在模拟电路设计中，通过调整电阻和电容的大小，可以影响电路的频率响应和稳定性，这对于确保电路能够在预期的操作条件下正常工作至关重要。

7.1.2 参数化建模的优势

参数化建模在现代电路设计中引入了一种高度灵活且高效的设计方法论，它能够通过简单的参数调整来适应不同的设计需求，彻底改变了电路设计的过程和结果。这种方法的核心优势在于其提供的灵活性，它使得适应不同设计需求变得简单而直接,避免了每次面对新需求时都需要从头开始的设计过程。通过预先定义一组参数,可以轻松调整电路的关键特性,如电阻、电容的大小,或逻辑功能的位宽,以适应不同的应用场景。参数化建模的另一个显著优势是其可重用性。通过创建参数化的可在多个项目中重复使用的设计模块,显著降低了设计成本,也大大缩短了设计周期。在传统的设计方法中,每个新项目往往需要从零开始,即使是在相似的设计需求之间也难以实现模块的重用。参数化建模打破了这一局限,通过允许设计模块在不同项目中通过调整参数来复用,极大提高了设计效率和经济效益。

维护和更新设计在任何工程项目中都是一个不断出现的需求,参数化建模在这方面也展现出显著的优势。由于参数化模型结构清晰,易于理解,当需要对设计进行更新或修改时,只需调整相关的参数,而无需对整个设计进行重构。这不仅简化了维护过程,也大大减少了修改带来的潜在错误和时间成本。传统的设计更新往往涉及复杂的重新设计过程,而参数化建模通过最小化所需的调整量,使得维护和更新变得更为高效和准确。

在探索参数化建模的优势时,不难发现其对电路设计流程的深远影响。通过提供灵活的调整机制,参数化建模能够快速适应不断变化的设计需求,从而加快了从概念到产品的转化速度。这种方法不仅适用于单一项目内的设计灵活性提升,也促进了跨项目的设计知识共享和重用,为设计团队提供了强大的协作和创新能力。在可重用性方面,参数化建模通过模块化设计思想,推动了设计资源的高效利用。设计模块一旦被创建和验证,就可以作为一个可靠的资源,在未来的项目中通过调整参数来重新使用。这种设计资源的积累和复用不仅降低了设计成本,也为设计团队积累了宝贵的知识和经验,促进了设计创新的发展。维护和更新是设计过程中的常态,参数化建模通过简化这一过程,显著提高了设计的可维护性。在面临需求变化或设计优化时,参数化模型可以快速适应,无需进行重设计工作。这种灵活性和效率的提升,使得设计团队可以更加专注于创新和改进,而不是被烦琐的维护工作所困扰。

通过上述探讨，可以清晰地看到参数化建模在电路设计中所带来的多重优势。它不仅提升了设计过程的灵活性和效率，还通过促进设计模块的重用和简化维护过程，大大提高了整个设计周期的经济效益和质量。这种设计方法论的核心，在于其能够适应快速变化的技术环境和市场需求，为现代电路设计提供了一种高效、可持续的解决方案。随着技术的不断进步和设计需求的日益复杂，参数化建模无疑将继续在电路设计领域发挥其关键作用，推动设计创新和效率的不断提升。

7.1.3 自动化设计流程的整合

在电子设计自动化领域，自动化设计流程已成为推动项目高效执行的关键驱动力。现代 EDA 工具的发展，提供了一系列自动化设计、验证和优化的解决方案，这些工具和流程的整合为电路设计领域带来了革命性的改变。通过脚本和工具链的整合，可以自动执行从设计到验证的全流程，大幅度提高了设计的效率和准确性。此外，自动化流程支持持续集成和即时反馈，使得设计改进可以迅速实施并验证，进一步缩短了设计周期。

自动化工具和流程的核心优势在于其能够显著减少人工操作过程中的错误，从而降低了错误率。在传统的电路设计流程中，设计师需要手动执行大量重复性的任务，如电路的布局、布线、验证，这些任务不仅耗时长，而且非常容易出错。自动化工具的使用，通过预定义的脚本和算法自动完成这些任务，不仅节省了大量的时间，还提高了设计的准确性。例如，自动布线工具可以在几分钟内完成复杂电路的布线任务，而手动布线可能需要几天甚至几周的时间，并且自动化工具完成的布线质量往往更高，因为它可以无偏差地遵循设计规则。效率和准确性的提高，显著降低了电路设计项目的时间和成本。在高竞争的市场环境下，缩短设计周期，意味着产品可以更快地推向市场，从而获得竞争优势。同时，减少错误和提高设计质量，可以显著降低后期的修正成本和维护成本，从而在整个产品生命周期中节省成本。

自动化设计流程的另一个关键特点是支持持续集成和即时反馈。在这种流程中，每当设计发生变更时，自动化工具可以立即执行一系列的验证和测试任务，确保设计的变更不会引入新的错误。如果发现问题，可以迅速反馈给团队，进行修正和优化。这种快速迭代的能力，使得设计团队可以在短时间内不断改进设计，逐步提高产品的性能和可靠性。持续集成和即时反馈机制为设计团队提供了一个高度动态和响应灵敏的工作环境，极大地提高了设计过程的透明度和可控性。

7.1.4　实施参数化建模与自动化设计流程

实施参数化建模与自动化设计流程是现代电子设计自动化实践中的一项核心任务，旨在通过高效且精确的方法优化电路设计。这一过程始于选择合适的工具集，这对于确保设计的顺利进行至关重要。随后，通过定义可重用的参数化模块，增强了设计的灵活性和重用性，为模块化设计提供了坚实的基础。参数的控制与管理通过建立中央化数据库来实现，保障了设计过程的一致性和可维护性。构建自动化流程涵盖了从参数定义到最终验证的全过程，不仅提升了效率，也保证了设计的准确性。最后，通过自动化测试和基于反馈的迭代优化，确保了设计满足所有规范要求，实现了高质量电路设计的目标。

1. 工具选择

在实施参数化建模与自动化设计流程的领域内，首先需要着眼于合适的工具选择。这一步是整个过程的基础，因为选择正确的电子设计自动化工具和自动化脚本工具对于确保设计流程的顺利进行至关重要。不同的设计需求可能需要不同的工具集，因此，对工具的选择必须基于项目的具体需求，包括设计的复杂度、预期的输出质量，以及项目的时间框架。合适的工具不仅可以提高设计的效率，还能确保设计过程的准确性和可靠性。

2. 模块定义

模块定义是构建参数化建模的关键步骤。在这一阶段，需要定义一系列可重用的参数化模块，这些模块包括了电路设计中可变化的元素，如电路组件的大小、形状、功能参数。每个模块都应该有清晰定义的接口和参数列表，以便在设计过程中被轻松调用和配置。通过创建这样的参数化模块，可以极大地提高设计的重用性和灵活性，使得设计过程更加模块化和高效。

3. 参数控制与管理

为了确保参数更新和控制的一致性，建立一个中央化的参数数据库是非常必要的。这个数据库应该包含所有设计参数的详细信息，包括参数的默认值、可接受的范围、参数之间的依赖关系等。通过对参数进行集中管理，可以避免设计过程中的错误和不一致，同时也便于跟踪参数的变更历史，确保设计的可追溯性和可维护性。

4. 自动化流程构建

构建自动化流程是实施参数化建模与自动化设计的核心部分。这一流程应该涵盖从参数定义、模块调用到最终设计验证的所有步骤。通过整合自动化脚本和 EDA 工具，可以自动执行设计流程中的多个步骤，如自动布线、布局优化、功能验证。这不仅提高了设计过程的效率，也保证了设计结果的准确性。此外，自动化流程还支持持续集成和即时反馈，使得设计团队可以迅速响应设计中发现的问题，及时进行调整和优化。

5. 测试与优化

通过自动化测试工具，可以对设计进行全面的验证，检查设计是否满足所有设计规范和性能要求。测试结果提供了反馈信息，指出了设计中可能存在的问题和不足。基于这些反馈，可以对参数和设计流程进行进一步的优化，以提高设计的质量和性能。这种基于反馈的迭代优化过程，是实现高质量电路设计的关键。

7.2 混合信号仿真技术

混合信号仿真技术是一种复杂的仿真方法，它结合了模拟信号和数字信号的仿真，为设计人员提供了评估和验证集成电路和电子系统中同时存在的模拟和数字部分的能力。这种技术特别适用于复杂的系统级设计，其中模拟信号处理（如传感器输入、模拟接口）和数字信号处理（如微处理器、数字逻辑）需要紧密集成和协同工作。混合信号仿真技术使得设计人员能够在设计阶段预测系统的实际行为，从而指导设计决策，优化系统性能，并减小实际硬件测试中发现问题的可能性。

7.2.1　设计混合信号仿真技术的步骤

设计有效的混合信号仿真技术涉及多个关键步骤，从仿真环境的搭建到模型的建立，再到仿真结果的分析和优化，每一步都至关重要。

1. 仿真环境搭建

在现代电子系统设计过程中，建立一个合适的仿真环境是成功实现项目目标的基础。这个过程始于选择一个符合项目需求的电子设计自动化软件，这些软件不仅需要支持混合信号仿真功能，还应该包含丰富的模拟和数字组件库及高级仿真功能。选择正确的 EDA 工具是至关重要的，因为它直接影响到仿真的效率、准确性，以及最终设计的质量。

EDA 工具的选择需要基于对项目具体需求的深入理解。这包括考虑项目的复杂性、设计团队的熟悉度、预算限制及项目的时间框架。不同的 EDA 软件可能在处理特定类型的仿真方面有着不同的优势和特点，例如，有些工具可能在模拟信号处理方面表现更优，而另一些则可能在数字信号或系统级仿真方面更有优势。因此，选择一个能够提供必要仿真功能并符合项目需求的 EDA 工具，是成功建立仿真环境的第一步。在选择了合适的 EDA 工具之后，下一步是确定仿真的范围和目标。这涉及明确哪些系统部分需要进行仿真，此外，还需要确定仿真旨在验证的性能指标或行为。通过明确仿真的范围和目标，可以确保仿真活动能够集中资源和精力在最关键的系统性能方面，从而提高仿真的有效性和效率。

建立仿真环境的过程还包括对仿真工具和库的配置。这意味着需要根据项目的具体需求，选择和配置合适的模拟和数字组件模型。这些模型应该能够准确反映实际组件的行为和性能，以确保仿真结果的准确性。在这个阶段，可能还需要定义特定的测试场景和仿真条件，这些场景和条件应该能够覆盖设计的关键操作范围和边界条件。确保仿真环境的有效配置还包括设置合适的仿真参数，如仿真时间、步长，以及所需的分析类型。这些参数的正确设置对于确保仿真结果的准确性和可靠性至关重要。此外，还需要考虑仿真过程中的数据管理和结果分析策略，以便能够有效地处理仿真数据，快速识别和解决设计中可能存在的问题。

2. 模型建立

构建仿真模型是电子系统设计流程中的一个核心环节，它直接关系到仿真的准确性和最终产品的性能。在混合信号仿真中，模型建立分为模拟部分建模、数字部分建模和界面建模三个主要环节。每一环节都承担着确保仿真准确度的责任，它们相互作用，共同构成了仿真模型的基础。

模拟部分的建模工作是复杂而细致的，在这一过程中，需要为系统中的每个模拟组件创建或选择一个准确的模拟模型，包括运算放大器、传感器，以及 A/D 和 D/A 转换器等组件。模拟组件的模型需要能够准确地反映出该组件在实际电路中的行为，包括其非线性特性、温度依赖性、与电源和负载之间的相互作用等。这些模型通常基于组件的物理特性和电路理论，通过数学方程来描述组件的行为。为了确保仿真结果的准确性，模拟模型的建立往往需要依赖详细的组件规格书和实验数据。

数字部分建模则涉及为数字组件创建或选择合适的数字模型。这些数字组件包括逻辑门、微处理器、数字接口等。与模拟模型不同，数字模型通常用来描述组件的逻辑功能和时序特性，而不涉及物理层面的详细行为。数字模型的建立往往基于硬件描述语言（HDL），如 VHDL 或 Verilog，这些语言能够高层次地抽象描述复杂的数字逻辑。在构建数字模型时，重点在于准确地表示数字逻辑的功能和它们的时序约束，以确保在混合信号仿真中，数字信号的处理能够与实际硬件相匹配。

界面建模是连接模拟部分和数字部分的桥梁，它对确保信号转换和时序对齐的准确性至关重要。在混合信号系统中,模拟信号和数字信号之间的相互转换由 A/D 和 D/A 转换器完成,而这两种信号的时序对齐则依赖于精确的时钟管理。界面模型需要能够准确描述这些转换器的特性,包括它们的转换速率、分辨率和可能的非理想特性(如量化噪声)。此外,界面模型还需要考虑时钟域之间的同步问题,确保模拟信号和数字信号能够在正确的时刻进行交换。界面建模的挑战在于需要综合考虑模拟和数字领域的特性,以及它们之间的相互作用,从而确保仿真模型能够真实反映混合信号系统的行为。

通过精心构建模拟部分、数字部分和界面的仿真模型,混合信号仿真技术能够为设计团队提供一个强大的工具,帮助他们评估和优化复杂的电子系统。在模型建立过程中,准确性是一个永恒的追求,它要求设计人员不仅需要有深厚的电子工程知识,还需要对所设计系统的物理和逻辑行为有深刻的理解。随着项目进展和技术的发展,仿真模型也需要不断地被评估和更新,以确保它们能够准确反映组件的最新特性和系统行为的最新理解。

3. 仿真执行与分析

在混合信号系统的设计和验证过程中,仿真执行与分析阶段不仅需要运行仿真过程来观察和记录系统的关键性能指标和行为,还需要深入分析仿真结果,以评估系统性能并识别任何潜在的问题或性能瓶颈。这个过程是迭代的,意味着根据分析结果对设计进行调整,然后再次仿真,直到达到满意的性能指标为止。

配置仿真参数是开始执行仿真之前的一个关键步骤。设置仿真的时间范围十分重要,这是指定仿真将覆盖的时间长度,以确保能够充分观察到系统的动态行为。步长的设置也非常关键,它决定了仿真数据点的密集程度,直接影响仿真的精度和计算时间。对于快速变化的信号,需要较小的步长以捕获信号的细节;而对于变化缓慢的信号,则可以使用较大的步长以提高仿真效率。此外,确定所需的分析类型也是仿真参数配置中的一个重要方面。瞬态分析用于观察系统随时间变化的行为,而频率分析则关注系统对不同频率信号的响应。根据设计目标和关注点，可能还需要配置其他类型的分析，如噪声分析、功耗分析。

执行仿真过程是这一阶段的核心活动。通过运行配置好的仿真，设计团队可以观察系统在不同工作条件下的表现。在这个过程中，观察和记录系统行为是至关重要的，因为这些数据将为后续的分析和设计优化提供基础。为了捕获系统行为的全貌，可能需要在多个不同的工作条件下运行仿真，包括最坏情况分析和边界条件测试。

分析仿真结果是这一阶段的关键环节。通过深入分析仿真数据，设计团队可以评估系统性能，识别系统存在的问题和性能瓶颈。这个过程涉及对仿真结果的详细审查，比较不同工作条件下的性能表现，以及将仿真结果与性能指标和设计目标进行对比。在分析过程中，可能会发现一些与预期不符的行为，这些可能是由于设计缺陷、模型不准确或仿真设置不当引起的。对于识别出的问题，需要进一步调查其根本原因，并提出相应的解决方案。

根据仿真分析的结果，设计团队可能需要对系统设计进行调整。这可能涉及修改电路设计、调整模型参数或优化仿真配置。然后，需要重新执行仿真以验证所做更改的效果。这个迭代过程可能需要进行多轮，直到系统性能满足设计目标为止。在整个过程中，不断地优化仿真设置和分析方法是提高仿真效率和准确性的关键。通过精细化的仿真执行与分析，设计团队可以确保混合信号系统的设计不仅在理论上是可行的，而且在实际应用中也能达到预期的性能和可靠性标准。

7.2.2　优化混合信号仿真技术

混合信号仿真技术的优化是一个迭代过程，旨在提高仿真的准确性和效率，以下是一些优化策略。

1. 提高模型精度

在混合信号仿真技术的应用过程中，提高模型精度是确保仿真结果可靠性和有效性的关键。模型精度直接关系到仿真能否准确反映实际组件的行为，进而影响设计决策的正确性。因此，不断更新和改进模拟和数字模型，以及针对关键组件使用更精细的模型，成为提高仿真准确性不可或缺的策略。

模型的准确性直接决定了仿真结果的可信度。在混合信号系统中，模拟和数字部分紧密相连，任何一方的模型不准确都可能导致仿真结果偏离真实情况。因此，模型的构建和验证成为仿真准备工作中的一个重要环节。模拟部分往往涉及连续的物理过程，包括但不限于电压、电流的变化，以及温度、电磁干扰等外界因素的影响。这些因素的变化需要通过精确的数学模型来模拟。而数字部分的模型，则需要准确描述逻辑关系和时序约束，以保证在整个系统中数字信号的正确传递和处理。

为了保证模型的准确性，必须基于最新的组件特性和行为数据来构建和更新模型。这要求设计团队持续跟踪组件制造商提供的最新数据表和技术文档，以及可能的行业标准变化。在实践中，这意味着需要对现有模型进行调整，以反映新的测试结果或技术规格的变化。此外，对于一些新引入的组件，可能还需要从头开始建立模型，这要求设计人员不仅要有深厚的专业知识，还要有丰富的实践经验。

在混合信号系统中，对关键组件使用更精细的模型是提高仿真整体准确性的有效策略。关键组件通常指那些对系统性能有显著影响的部分，如信号路径中的关键放大器、高速数据通道的 A/D 和 D/A 转换器。这些组件的行为不仅影响局部电路的性能，还可能影响整个系统的稳定性和可靠性。因此，对这些关键组件使用更细致、更接近实际物理过程的模型，尽管可能会增加仿真的计算量，但可以显著提高仿真的准确性和可靠性。例如，对于一个运算放大器，使用包含其内部结构和非理想特性（如有限增益、带宽限制、输入输出阻抗）的模型，比使用一个理想化的增益模型更能准确反映其在实际电路中的行为。提高模型精度还涉及对模型验证方法的改进。模型的验证通常需要将仿真结果与实验数据进行对比，通过这种方式可以检验模型是否能够准确地反映组件的实际行为。这要求设计团队不仅需要具备进行高质量电路实验的能力，还需要能够精确地分析实验数据和仿真数据之间的差异。对于发现的任何偏差，都需要深入分析其原因。一旦确定了偏差的原因，就需要对模型进行相应的调整或优化，以提高其准确性。

在进行模型验证和优化的过程中，一个重要的策略是采用分层和模块化的方法。这意味着系统被划分为多个模块或子系统，每个模块可以单独建模和验证。这种方法不仅可以简化复杂系统的仿真工作，还可以提高模型构建和验证的效率。通过对每个子模块进行详细的仿真和验证，可以确保整个系统仿真的准确性。此外，当系统中的某个部分需要更新或改进时，这种模块化的方法也可以使得更新过程更加高效，因为只需要重新验证改动部分的模块，而不是整个系统。提高模型精度的过程还涉及持续的学习和改进。随着新的仿真技术和方法的不断出现，设计团队需要不断学习以掌握这些新技术，以便更好地构建和验证仿真模型。此外，通过对已完成项目的回顾和分析，设计团队可以积累宝贵的经验，识别改进模型准确性的潜在机会。这种持续改进的文化不仅可以提高团队的专业技能，还可以提高仿真工作的整体质量。提高仿真模型的精度是一个涉及多方面考虑的综合工作，它要求设计团队具备深厚的专业知识、丰富的实践经验，以及对新技术的敏感度。通过不断更新和改进模拟和数字模型，对关键组件使用更精细的模型，以及采用先进的验证和优化策略，可以显著提高仿真的整体准确性。这不仅有助于确保设计符合性能和可靠性要求，还可以加速产品开发过程，降低了开发成本，并最终设计出更具竞争力的电子产品。

2. 优化仿真性能

在混合信号仿真过程中，优化仿真性能是确保设计流程高效进行的关键因素之一。虽然仿真可以提供关键的设计验证和性能评估，但如果没有适当的管理和优化，仿真的时间成本和计算资源消耗可能会变得难以承受。因此，通过调整仿真参数和简化仿真模型来提高仿真速度，同时保持所需精度，成为提高仿真效率的有效方法。

仿真参数的调整包括但不限于时间步长和求解器选项的优化。时间步长的选择直接影响仿真的精度和计算负担。过小的时间步长会增加仿真的总体时间，因为仿真需要计算更多的时间点来模拟系统的行为；而过大的时间步长则可能导致错过关键的系统动态变化，从而影响仿真结果的准确性。因此，选择一个合适的时间步长，既能捕捉到系统的关键行为，又能避免不必要的计算。

求解器选项的调整也对仿真性能有重要影响。不同的求解器适用于不同类型的问题，选择最适合当前仿真任务的求解器可以显著提高仿真的效率。例如，一些求解器可能在处理稀疏矩阵时表现更优，而另一些求解器可能更适合解决非线性问题。此外，某些求解器提供了多种求解模式，如精确模式和快速模式，设计团队可以根据仿真的具体需求和精度要求选择最合适的模式。

除了调整仿真参数外，对仿真模型进行必要的简化也是提高仿真性能的有效策略。在建立仿真模型时，往往会倾向于包含尽可能多的细节，以提高模型的准确性。然而，模型中的某些细节对最终结果的影响可能并不大，却会显著增加计算负担。通过识别和去除这些细节，可以在不影响仿真结果准确性的前提下，减少计算需求，提高仿真速度。这种简化可能涉及合并相似的组件、忽略某些次要的非线性效应，或者使用更高层次的模型代替复杂的详细模型。

在进行仿真模型简化时，需要仔细权衡简化程度和仿真准确性之间的关系。过度简化可能会导致仿真结果失真，无法反映真实的系统行为，而不足的简化则可能无法显著提高仿真性能。因此，这要求设计团队具有深入理解所设计系统的能力和丰富的经验，以判断哪些细节是对仿真结果影响关键的，哪些可以被安全地简化或忽略。

优化仿真性能的过程也应包括对仿真工具和技术的持续关注。随着技术的进步，新的仿真算法和工具不断被开发出来，它们可以提供更高的仿真效率或更好的用户体验。通过定期评估和采用这些新工具和技术，设计团队可以进一步提高仿真性能，缩短设计周期，并降低项目成本。优化仿真性能的另一个关键方面是采用有效的数据管理和分析策略。随着仿真复杂度的增加，产生的数据量也会显著增长。如果没有合理的数据管理机制，处理和分析这些数据可能会变得非常耗时。因此，开发和采用高效的数据处理工具和技术是至关重要的，包括自动化的数据处理脚本、高效的数据库系统，以及先进的数据可视化工具。这些工具和技术可以帮助设计团队快速处理和分析大量仿真数据，从而加速决策过程，提高仿真的整体效率。

3. 增强时序对齐和信号转换处理

在混合信号系统的设计与仿真过程中，时序对齐和信号转换处理是保证系统性能和功能准确实现的关键环节。这些过程涉及数字信号与模拟信号之间的精确同步和转换，任何微小的误差都可能导致系统行为与预期相偏离。因此，利用电子设计自动化工具中提供的高级特性，如自动时序校正和信号转换误差建模，成为优化这些关键过程的重要手段。

自动时序校正功能允许设计人员在不牺牲设计效率的前提下，确保数字和模拟部分之间的时序准确对齐。在复杂的混合信号系统中，数字信号通常由时钟驱动，遵循严格的时序要求；而模拟信号则更为连续，其变化可能不受固定时钟的限制。这种本质上的差异使得时序对齐成为一个挑战。传统方法可能需要手动调整时序参数，这不仅耗时且容易出错；而自动时序校正则通过算法自动识别并调整时序偏差，大大减少了手动干预的需要，提高了设计的效率和可靠性。

信号转换误差建模则关注于准确模拟数字与模拟信号之间转换时可能出现的误差。在混合信号系统中，模拟到数字转换器和数字到模拟转换器是实现信号转换的关键组件。这些转换器的性能不仅影响信号的质量，也直接关系到系统的整体性能。然而，任何实际的转换器都无法做到完美，转换过程中都会引入一定的误差，如量化噪声、非线性误差。通过在 EDA 工具中利用信号转换误差建模功能，设计人员可以在仿真阶段就准确地评估这些误差对系统性能的影响，从而在设计中采取相应的补偿措施。

利用这些高级特性进行仿真时，设计人员可以更加精确地模拟混合信号系统中的复杂交互。例如，通过自动时序校正，可以确保数字处理单元产生的信号与模拟前端的处理过程完美同步，从而避免因时序偏差导致的数据丢失或错误判断。同时，信号转换误差的准确建模使得设计人员能够在设计初期就识别潜在的性能瓶颈，如 A/D 转换器的分辨率不足或 D/A 转换器的非线性失真，进而优化转换器的选择或设计相应的信号处理算法来减小误差影响。

4. 使用高级仿真技术

在电子设计自动化领域，高级仿真技术的发展和应用极大地推进了混合信号系统设计的进程。其中，多级仿真策略和自适应步长技术是优化仿真精度和效率的重要手段。这些高级技术使得设计人员能够更加灵活和高效地处理复杂的混合信号系统仿真，从而在设计的早期阶段就能够发现潜在的问题，并进行必要的调整。

多级仿真策略允许在不同的抽象层次上进行仿真，使设计人员可以根据仿真的目的和需求选择合适的仿真精度和效率。在系统的初步设计阶段，可能只需要对系统的基本功能和性能进行验证，这时可以采用较高层次的抽象模型进行快速仿真，以获得初步的设计反馈。随着设计的深入，特别是在对系统性能和可靠性有更高要求的情况下，可以逐步采用更详细的模型进行仿真，以提高仿真的准确性。通过这种分层的方法，不仅可以在设计的早期阶段迅速验证设计概念，还可以在后续设计过程中逐步提高仿真的精度，从而有效地平衡仿真的精度和效率。

自适应步长技术则是在仿真过程中动态调整时间步长的一种方法，它可以根据模拟信号的动态变化自动调整仿真的时间步长。在模拟信号变化剧烈的时刻，采用较小的时间步长可以捕捉到信号的快速变化，保证仿真的精度；而在信号变化平缓的时段，采用较大的时间步长则可以减少计算量，提高仿真的效率。自适应步长技术的应用使得仿真过程能够在保证必要精度的同时，尽可能地提高计算效率，特别适用于那些信号变化具有高度动态性的混合信号系统仿真。

应用这些高级仿真技术时，设计人员需要具备对系统行为和仿真过程的深入理解。例如，在采用多级仿真策略时，需要准确地判断在哪个设计阶段采用哪一层次的抽象模型最为合适，这不仅需要对系统的功能和性能有全面的认识，还需要对不同仿真模型的特性有深入的了解。同样，有效地利用自适应步长技术也要求设计人员能够识别出模拟信号变化的关键时刻，并对仿真求解器的工作原理有充分的了解。

5. 持续验证与校准

在混合信号系统的设计过程中，持续验证与校准是确保设计准确性和可靠性的重要环节。这个过程涉及将仿真模型的输出与实际硬件测试结果进行对比，以验证仿真模型的准确性，并据此对模型进行必要的调整和校准。通过这种方式，可以确保仿真结果与实际硬件表现保持一致，从而在设计的每个阶段都能做出准确的设计决策。

在混合信号系统的设计与开发周期中，实施迭代设计流程是实现持续验证与校准的有效方法。在这个过程中，设计团队不断地使用仿真结果来指导设计决策，并通过持续的验证和优化，逐步提高设计的性能和可靠性。这种方法不仅有助于在早期发现和解决潜在的设计问题，还可以在设计过程中逐步精细化设计参数，最终实现高性能、高可靠性的系统设计。

持续验证与校准的第一步是将仿真模型的输出与实际硬件测试结果进行对比。这要求设计团队在系统开发的早期阶段就开始规划和实施硬件测试，以收集关于系统性能和行为的实际数据。这些数据不仅包括系统在标准工作条件下的性能指标，还包括在极端条件下的表现，如温度变化、电源波动。通过比较仿真结果和硬件测试数据，设计团队可以评估仿真模型的准确性，识别模型中可能存在的偏差或不足。

一旦发现仿真模型与硬件测试结果之间存在差异，就需要对模型进行必要的调整和校准。这可能涉及修改模型的参数，如组件的电气特性，或是调整模型中的某些假设，如信号的传播延迟。在某些情况下，可能还需要引入新的模型组件来模拟实际硬件中存在的非理想特性，如噪声源、非线性效应。

通过对模型进行调整和校准，可以使仿真结果更加贴近实际硬件的表现，从而提高设计的可靠性。

在持续验证与校准过程中，实施迭代设计流程是至关重要的。这意味着在设计的每个阶段都需要根据最新的仿真结果和硬件测试数据来评估设计方案，做出必要的调整，并重新进行仿真验证。这种迭代过程可能需要多次重复，直到设计满足所有性能和可靠性要求为止。在这个过程中，设计团队需要密切关注仿真和测试结果之间的差异，以及这些差异对设计决策的影响，从而确保在每一轮迭代中都能够做出基于准确信息的设计优化。

7.3　EDA 工具在集成电路设计中的应用

在现代集成电路设计中，电子设计自动化工具的应用已经成为整个设计流程的核心，极大地提升了设计的效率和可靠性。随着集成电路设计复杂度的日益增加，手动设计方法已经远远不能满足现代电子产品的开发需求。EDA 工具通过提供一系列自动化设计、验证和测试功能，支持设计师在多个设计阶段进行高效的设计和验证工作，加速了产品从概念到投入市场的转化过程。

7.3.1　初步设计与逻辑综合

在集成电路设计领域，初步设计与逻辑综合阶段标志着设计概念向可实施电路设计的转化。这一阶段的核心在于利用电子设计自动化工具，将设计师通过硬件描述语言所表述的高层次设计意图转换成具体的门级实现。此过程不仅体现了设计的初步构想，更涵盖了对设计进行优化，以满足功耗、面积、性能等关键指标的需求。逻辑综合因此成为连接设计概念与实际电路实现之间的桥梁，对加速设计过程和优化设计结果具有重要意义。

在集成电路设计的最初阶段，设计师需要将其设计概念转换为清晰、准确的硬件描述语言表述。这一步是整个设计流程中至关重要的一环，因为

HDL 描述构成了逻辑综合工具输入的基础。设计师在这一阶段的工作不仅需要深入理解所需实现的电路功能，还需要熟练掌握 HDL 的语法和表达能力，以确保准确无误地表达设计意图。高层次的设计描述使得设计师能够专注于设计的功能与行为，而无需关心底层的实现细节。

逻辑综合工具在设计流程中扮演着至关重要的角色。通过分析设计师提供的 HDL 描述，这些工具应用先进的算法将高层次的设计描述自动转化为门级电路图。这一过程包括确定实现特定功能所需的最小逻辑门数量、布局优化以减少信号传输延迟，以及功耗优化等多个方面。逻辑综合的目标是在满足设计功能的前提下，实现对设计的优化，使得最终的电路设计在面积、功耗和性能方面达到最佳平衡。

逻辑综合过程中的优化策略是多方面的，涵盖了面积、功耗、性能等关键设计指标。面积优化关注于减少所需逻辑门的数量和电路的物理尺寸，这直接影响到芯片成本。功耗优化旨在降低电路的能耗，这对于便携式电子设备尤为重要。性能优化则着眼于提高电路的工作速度和响应时间。逻辑综合工具通过应用复杂的算法，自动实施这些优化策略，帮助设计师在这些相互冲突的指标之间找到最佳平衡点。

逻辑综合的结果需要通过设计验证来确保其准确性和可靠性。验证过程通常涉及仿真测试，将综合后的电路在各种预定条件和输入下的表现与设计预期进行比较。这一步骤对于发现和修正设计中的错误至关重要。验证过程可能揭示出设计中的缺陷或性能不足的地方，这时就需要对 HDL 描述进行修改，并重新进行逻辑综合与验证，直到设计满足所有预定要求。这种迭代优化过程是设计流程中常见的做法，它确保了设计的最终输出不仅在功能上符合预期，同时也达到了性能、功耗、面积等关键指标的最优化。在迭代优化过程中，设计师和逻辑综合工具之间形成了密切的合作关系。设计师基于验证结果对设计进行调整，逻辑综合工具则根据新的设计描述再次执行优化和转换。这种动态的交互过程有助于快速准确地定位和解决设计中的问题，加速设计的成熟过程。

随着集成电路设计复杂度的不断增加,EDA 工具的功能也在不断扩展和深化。除了基本的逻辑综合之外,现代 EDA 工具还包括更高级的功能,如时序约束分析、功耗分析、信号完整性分析。这些高级功能为设计师提供了更全面的设计支持,使他们能够在设计早期就预测和解决潜在的设计问题。时序约束分析帮助设计师确保电路中所有信号的传播满足严格的时序要求,从而避免因为时序问题导致的电路故障。功耗分析则能够预测电路在不同工作模式下的能耗,为功耗优化提供指导。信号完整性分析帮助设计师评估高速信号在电路中传输的质量,确保数据传输的准确性和可靠性。

通过初步设计与逻辑综合阶段的优化,EDA 工具极大地加速了从设计概念到电路实现的转化过程。设计师可以在较短的时间内完成复杂电路设计的初步构建和验证,快速地迭代优化,直至满足所有设计要求。这不仅提高了设计的效率,也缩短了产品的开发周期,加快了产品从概念到市场的转化速度。随着半导体工艺技术的发展和电子产品市场竞争的加剧,高效率的集成电路设计流程变得尤为重要。EDA 工具在集成电路设计中的应用,特别是在初步设计与逻辑综合阶段的应用,为设计师提供了强有力的支持,帮助他们应对设计复杂度的挑战,实现高性能、低功耗、小面积的电路设计目标。随着 EDA 技术的不断进步,其在未来集成电路设计中的角色将变得更加重要,为电子行业的发展提供持续的动力。

7.3.2 功能验证与仿真

在集成电路设计领域,功能验证与仿真阶段是设计流程中至关重要的一环。它确保了设计在理论上的正确性和在实际操作条件下的可靠性,避免了可能后期较大的设计错误。电子设计自动化工具在此阶段发挥着不可或缺的作用,通过提供高效精确的仿真功能,支持设计师在实际制造之前进行全面的设计检测和修正。

功能验证的核心在于使用 EDA 工具中的仿真功能来模拟电路在各种操作条件下的行为,包括不同的输入信号和环境条件。这种仿真能够从数字电路覆盖到模拟电路，乃至于混合信号电路的全范围，确保整个集成电路设计在功能上完全符合预期。这一过程不仅验证了电路设计的正确性，也为设计师提供了一个评估电路性能的平台，使他们能够识别和优化潜在的性能瓶颈。

在进行功能验证时，设计师首先需要定义一系列的测试场景，这些场景应该能够覆盖电路设计的所有操作条件和边界情况。然后，利用 EDA 工具执行这些测试场景，对电路在各种条件下的行为进行仿真。这一过程中，仿真工具将根据设计师提供的电路描述和测试输入，计算电路的输出，并与预期结果进行对比。通过这种方式，设计师可以验证电路是否按照设计意图正确工作。

数字电路的行为仿真通常比较直接，因为数字电路的行为可以清晰地定义为逻辑状态之间的转换。设计师可以通过逻辑仿真来检查电路在不同输入条件下的逻辑响应，确保所有的逻辑功能都按预期执行。这种仿真还可以帮助识别逻辑设计中的错误，如状态机的死锁、逻辑冲突、时序问题。对于模拟电路和混合信号电路的仿真，则更加复杂，因为这些电路的行为受到连续变量和非线性因素的影响。在这种情况下，EDA 工具提供了精确的模拟仿真功能，可以模拟电路中的模拟信号处理过程，包括放大、滤波、A/D 转换和 D/A 转换。这种仿真能够考虑实际电路中存在的非理想因素，如器件的非线性特性、温度依赖性、电源噪声，从而提供更为真实的电路行为预测。

通过仿真得到的结果，设计师可以对电路设计进行必要的调整和优化。如果发现电路在某些条件下无法达到预期性能，设计师可以通过修改电路参数或改变电路结构来解决这些问题。仿真结果还可以指导设计师进行电路布局和布线的优化，以提高信号完整性和减小电磁干扰。

7.3.3　时序分析

在集成电路设计领域，时序分析是一个至关重要的步骤，它直接影响电路的可靠性和性能。随着电子设备对速度和功耗的要求不断提升，设计中的时序问题成为影响电路性能的关键因素。电子设计自动化工具在时序分析方面提供了强大的支持，帮助自动化地评估信号在电路中的传播延迟，并确保所有的时序约束都得到满足。通过这种方式，EDA 工具成为实现高性能集成电路设计的重要辅助工具。

时序分析的核心任务是评估信号在电路中从一个点到另一个点的传播时间。这些信息对于确保电路按照预定时序正确运行至关重要。在电路的设计过程中，数据路径中的设置时间和保持时间约束必须得到满足，以避免数据损坏或丢失，保证电路的稳定运行。时序分析工具通过对电路模型的精确分析，自动识别出可能违反时序约束的路径，并报告具体的延迟时间和违约情况。

时序分析还涉及对关键路径的识别。在电路设计中，关键路径是指限制电路工作频率的最长路径，其延迟直接决定了电路的最高工作速度。通过识别这些关键路径，EDA 工具可以帮助进行针对性的优化，如调整逻辑布局、优化逻辑门的选择、增加管脚缓冲等，以减少延迟，提升电路的工作频率。EDA 工具中的时序分析功能通过使用先进的算法，能够精确模拟电路中的各种延迟现象，包括逻辑门延迟、互连延迟、负载延迟等。这些算法考虑了电路中的各种因素，如工艺参数、温度变化、电源电压波动，确保时序分析的结果既准确又可靠。通过这种精确的时序分析，可以大大降低设计中出现时序问题的风险，确保电路设计的稳定性和性能。在实际应用中，时序分析不仅是电路设计完成后的最终验证手段，也被广泛用于设计过程中的各个阶段。在设计的早期阶段，时序分析可以帮助评估不同设计方案的时序特性，指导设计决策。在设计的中后期，时序分析则用于验证设计修改和优化措施的效果，确保设计的最终实现满足所有时序要求。

7.3.4　布局布线

在集成电路设计领域，布局布线阶段承担着将逻辑综合产出的电路图转换为实际可以在硅片上制造的物理布局的重要任务。此过程不仅涉及电路元件在芯片上的空间分布，还包括这些元件之间连接路径的规划。电子设计自动化工具在这一阶段发挥着至关重要的作用，通过提供自动化的布局布线功能，帮助完成电路设计的物理实现，同时考虑电路的面积、功耗、时序、电磁兼容性等多种因素，以优化电路的整体性能和可靠性。

自动布局布线算法的核心在于智能地安排电路元件的位置，并规划连接这些元件的导线路径。这一过程需要综合考虑电路设计的多个方面，包括元件之间的逻辑依赖、信号的传播延迟、电源和地线的布局、散热需求等。为了满足这些复杂的设计要求，自动布局布线工具采用了一系列先进的算法，如遗传算法、模拟退火、图论算法，旨在找到最优的布局布线方案。

自动布局布线的一个重要目标是优化电路的面积利用率，尽可能减小芯片的尺寸，从而降低成本。通过智能算法，自动布局布线工具能够紧凑地排列电路元件，同时保证足够的间隔，以避免电磁干扰和制造过程中的问题。此外，这些工具还能够根据信号的重要性和敏感度，调整元件和信号路径的布局，以减少信号传播延迟和提高电路的工作频率。

功耗优化也是自动布局布线过程中的一个关键考虑因素。通过合理的元件布局和导线规划，可以有效减少电路中的功耗热点，提高电路的能效。这对于电池驱动的便携设备尤为重要。自动布局布线工具能够对电路的功耗模型进行分析，识别功耗高的区域，然后通过调整布局和布线来分散或减少这些热点。

时序是影响电路性能的另一个关键因素。自动布局布线工具需要确保信号在电路中的传播满足设计的时序要求。这通常涉及对电路中的关键路径进行优化，如通过缩短信号路径或添加缓冲器来降低延迟。同时，工具还会考虑布线的电容和电感效应对时序的影响，通过智能算法优化布线，以提高电路的时序性能。

在自动布局布线的基础上，EDA 工具还提供了交互式布局布线功能，允许进行手动调整。这一功能使得在自动布局布线结果的基础上，可以针对特定的设计要求进行微调，如调整关键元件的位置以改善性能或解决特定的设计问题。这种灵活性对于满足复杂设计要求和实现最优设计结果至关重要。

7.3.5 物理验证

在集成电路设计领域，物理验证作为设计流程的一个关键阶段，起着桥梁的作用，连接设计与制造的每一个环节。电子设计自动化工具在这一过程中扮演着至关重要的角色，确保设计在转化为物理形态之前满足所有的制造要求和规范。物理验证涵盖了一系列复杂且精细的检查流程，旨在确保集成电路设计的正确性和可制造性，避免在生产阶段出现较大的错误。

物理验证主要包括版图设计规则检查（DRC）、电气规则检查（ERC）、版图与原理图对比（LVS），以及制造工艺验证（DFM）等关键步骤。这些步骤共同构成了一个全面的验证框架，通过 EDA 工具自动执行，大大提高了验证的效率和准确性。

通过利用 EDA 工具进行全面的物理验证，设计团队可以确保他们的集成电路设计不仅在理论上是正确的，而且能够在实际的制造过程中成功实现。这一过程极大地降低了生产中的风险，提高了设计的成功率，加快了产品的上市时间。随着集成电路设计和制造工艺的不断发展，物理验证在确保设计质量和制造效率方面的作用愈发重要，而 EDA 工具则提供了强大的支持，使得物理验证变得更加高效和准确。

7.3.6 寄存器传输级到版图的转化

在集成电路设计领域，将寄存器传输级（RTL）描述转换为版图文件（GDSII）的过程是设计实现的关键阶段。这一转化过程涉及复杂的工程操作，需要借助电子设计自动化工具来完成。从 RTL 到 GDSII 的转换不仅是将设计理念实现为物理形态的过程，更是一系列精细设计、优化和验证活动的集合，直接决定了最终芯片的性能、功耗、面积和成本。因此，这一过程的优化是提高集成电路设计成功率的关键。

RTL 描述为设计师以硬件描述语言编写的设计，这些描述定义了芯片的逻辑功能和行为。而 GDSII 文件则是一种用于芯片制造的标准文件格式，包含了芯片所有物理层的详细信息，如图形、层次、版图。将 RTL 转换为 GDSII 涵盖了从逻辑综合、布局布线到物理验证等一系列阶段，每个阶段都依赖 EDA 工具的支持来确保流程的高效和准确。

在逻辑综合阶段，EDA 工具将 RTL 描述转换为门级网表。这一过程中，综合工具不仅要保证转换后的门级表示能准确实现 RTL 中定义的功能和行为，还需对设计进行优化，以提升芯片的性能和降低功耗。综合过程中的优化包括逻辑优化、时序优化、功耗优化等，旨在生成高效、紧凑且功耗低的门级实现。

随后的布局布线阶段，EDA 工具根据综合后的门级网表在芯片的物理空间内安排每个逻辑门的位置，并规划它们之间的连线路径。在这一阶段，布局布线算法考虑包括面积、功耗、时序和信号完整性在内的多个因素，通过智能优化来确定最佳的布局布线方案。这一过程对于确保芯片在物理层面的可实现性和优化性能指标至关重要。

物理验证是将 RTL 转换为 GDSII 过程的最后阶段，确保布局布线后的设计满足所有制造规范和约束。在物理验证过程中，利用 EDA 工具进行版图设计规则检查（DRC）、电气规则检查（ERC）、版图与原理图对比（LVS）等，确保设计在技术和功能上的正确性。此外，还需进行制造工艺验证（DFM），以预测和解决制造过程中可能遇到的问题，进一步优化设计的制造可靠性。

将 RTL 转换为 GDSII 的整个过程是集成电路设计中最为复杂且关键的环节之一，涉及众多的设计决策和技术挑战。通过利用先进的 EDA 工具，设计团队能够自动化完成这一系列复杂的操作，显著提高设计的效率和质量，降低设计风险。优化从 RTL 到 GDSII 的转换过程，不仅可以提升芯片的性能和功耗表现，还能有效控制成本，加速产品的上市时间，对于实现高性能、低成本的集成电路设计至关重要。随着 EDA 技术的不断进步和完善，从 RTL 到 GDSII 的转换过程将变得更加高效和精确，使得集成电路设计能够满足日益严格的市场需求和技术挑战。

7.4　高级优化算法在电路设计中的应用

在集成电路设计中，随着设计复杂度的增加和制造工艺的进步，传统的设计方法和优化策略已经难以满足高性能、低功耗、小面积等多重要求。因此，高级优化算法在电路设计中的应用变得至关重要。这些算法能够在设计的多个阶段被应用，从逻辑综合、布局布线到物理验证，通过智能化的方法优化设计，提高设计的性能，降低功耗和成本，加快设计周期。

7.4.1　高级优化算法的概述

在集成电路设计的领域，面对设计复杂性的快速增长，以及对高性能、低功耗的严格要求，传统的优化方法已逐渐显示出其局限性。为了应对这些挑战，采用了高级优化算法，包括遗传算法、模拟退火算法、粒子群优化算法、深度学习算法等，这些算法在电路设计中的应用，展示了其在提供精确、高效设计优化策略方面的强大能力。

遗传算法受自然选择和遗传学原理的启发，通过模拟生物进化过程来解决优化问题。在电路设计中，遗传算法可以用于解决逻辑综合中的门级优化问题，通过种群的迭代进化，搜索到最佳的电路实现方案，从而减少所需的逻辑门数量，降低功耗和面积。遗传算法的优势在于其强大的全局搜索能力，能够在广阔的解空间中寻找到近似最优解，尤其适合处理具有高度非线性和复杂约束条件的电路设计问题。

模拟退火算法的灵感来源于固体物理中的退火过程，通过模拟加热后再缓慢冷却的过程，逐渐找到系统的最低能量状态。在布局布线优化中，模拟退火算法通过随机选取布局方案并逐步降低"温度"来减少系统的"能量"，即布局的总线长度和延迟，从而实现电路设计的优化。这一算法特别适用于解决布局布线中的最短路径问题，其能够有效地避免陷入局部最优解，寻找到全局最优或接近全局最优的设计方案。

粒子群优化算法借鉴了鸟群觅食行为的社会心理学原理。每个粒子代表电路设计中的一个潜在解决方案，通过粒子间的信息共享，整个群体向着最优解方向进化。在电路设计的功耗和时序优化中，粒子群算法能够快速收敛到最优解，尤其在高维问题和复杂约束条件下表现出色。通过全局搜索与局部搜索的结合，平衡了探索与利用，提高了优化的效率和质量。

深度学习算法作为人工智能的一个重要分支，近年来在电路设计中的应用日益增多。通过训练深度神经网络模型，可以预测电路设计的关键性能指标，如延迟、功耗、面积。深度学习算法可以在设计的早期阶段提供快速准确的性能预测，指导设计决策，减少迭代次数。深度学习还可以用于自动化的布局布线和逻辑综合过程，通过学习历史设计数据，智能优化设计方案。

7.4.2 高级优化算法在逻辑综合中的应用

在逻辑综合阶段，高级优化算法可以用来优化逻辑表达式和门级电路，减少所需逻辑门的数量，从而降低电路的功耗和面积。例如，遗传算法可以通过模拟自然选择的过程，在多个设计候选中迭代搜索最优的逻辑结构；模拟退火算法可以通过模拟固体退火过程，以概率方式跳出局部最优，寻找全局最优解。这些算法能够有效处理逻辑综合中的组合优化问题，提高电路的性能和效率。

7.4.3 高级优化算法在布局布线中的应用

在集成电路设计的过程中，布局布线阶段占据了极其重要的位置，它直接关系到电路设计的性能、功耗、成本，以及最终的成功率。随着电路设计复杂度的日益增加，传统的布局布线方法已经难以满足现代电子产品对性能和效率的高要求。因此，高级优化算法的应用成为了解决布局布线中最优化问题的关键技术，这包括减少连线长度、避免布线拥挤、优化信号完整性等多个方面。

粒子群优化（PSO）算法是布局布线中应用广泛的一种高级优化方法。该算法受自然界鸟群觅食行为的启发，通过模拟鸟群的社会行为来在解空间中搜索最优解。每个粒子代表着一个潜在的布局布线方案，通过粒子之间的信息共享和个体的经验积累，整个群体向着最优解方向进化。在布局布线的应用中，粒子群优化算法能够有效地平衡全局搜索和局部搜索，减少电路的延迟和功耗。通过智能地调整元件的位置和规划连线路径，粒子群优化算法提高了布局布线的质量和效率，尤其在处理大规模电路设计时展现出其优势。

深度学习算法作为当前人工智能技术的前沿，其在布局布线中的应用也显示了巨大的潜力。深度学习模型能够从大量历史布局布线数据中学习，预测布线拥挤情况和信号完整性问题，为布局布线提供智能化的指导。这种方法通过对布线拥挤情况的准确预测，能够在布局布线阶段提前采取措施避免潜在的问题，如通过调整布局来分散拥挤区域，或优化连线路径来提升信号完整性。此外，深度学习算法还能够基于设计的性能和功耗要求，自动优化布局布线方案，从而实现更高效、低功耗的电路设计。

这些高级优化算法在布局布线中的应用，不仅提升了设计的性能和可靠性，还显著缩短了设计周期。传统布局布线方法往往需要设计人员凭借经验进行手动调整，这不仅效率低下，而且难以保证最优结果。而高级优化算法通过智能化的搜索和优化策略，能够自动发现并解决布局布线中的问题，提供精确的优化方案，极大地减轻了设计师的工作负担。

7.4.4　高级优化算法在物理验证中的应用

在集成电路设计的终极阶段，物理验证成为确保设计可行性的最后一道关卡。随着电子技术的飞速发展，设计的复杂度日益增加，传统的物理验证方法已难以满足现代集成电路设计的需求。因此，高级优化算法的引入，为物理验证阶段带来了革命性的改进，尤其在时序优化、功耗优化和制造可行性方面展现出其独特的优势。

时序优化是物理验证中的一个关键环节，它直接关系到电路能否满足设计规格中的时序要求，进而影响整个电路的性能。在这一过程中，高级优化算法能够根据时序分析的结果，智能调整布局布线方案，优化信号路径，从而减少关键路径的延迟。例如，粒子群优化算法可以通过模拟鸟群的社会行为，搜索出最优的布局布线方案，有效减少信号传播的总延迟。同样，遗传算法通过模拟自然选择的过程，迭代地优化布局布线，以达到最佳的时序性能。这些高级优化算法通过全局搜索和局部细化的策略，找到了在给定的设计约束下最优化时序性能的解决方案。

功耗优化则是现代集成电路设计中的另一个重要议题。随着移动设备和物联网设备的普及，对低功耗电路的需求日益增长。在物理验证阶段，高级优化算法可以识别出电路中的功耗热点，针对这些热点提出有效的改进措施。例如，深度学习算法可以通过分析电路的功耗模型，预测各部分的功耗分布，从而指导设计人员在布局布线时优先处理那些功耗较高的区域。此外，模拟退火算法能够在保证电路功能不变的前提下，调整供电电压或替换高功耗的逻辑单元，从而整体降低电路的功耗。

制造可行性是物理验证的另一项重要任务，它确保设计不仅在理论上可行，而且在实际制造过程中也能成功实现。高级优化算法在这一领域的应用，主要集中在对设计的微调优化上，以适应特定的制造工艺。例如，通过优化算法自动调整版图中的元件布局和连线路径，以满足制造工艺对版图尺寸、形状和层间距离的精细要求。这种优化不仅提高了设计的制造可行性，还能有效降低制造成本，提高了产出率。

7.5　电路仿真中的错误检测与修正技术

在电路仿真的领域，错误检测与修正技术占据了核心地位，它们直接关系到集成电路设计的准确性与可靠性。随着电子系统变得日益复杂，有效地发现并修正仿真过程中的错误变得尤为重要。本节将深入探讨电路仿真中应用的高级错误检测与修正技术，包括静态时序分析、形式验证、断言基础的验证、自动测试模式生成等方法。

静态时序分析（STA）是一种不依赖于仿真波形的时序验证方法，它通过分析电路的时序路径来检测时序违规。STA 能够确保所有信号在指定的时钟周期内稳定，满足设置时间和保持时间要求，这对于确保电路在实际运行中的性能至关重要。STA 的应用极大地提高了时序问题的发现效率，使得在电路设计的早期就能够识别并修正潜在的时序错误，从而避免了后期修改的高昂成本。

形式验证是一种基于数学方法的验证技术，它通过对电路设计的规范和实验进行精确对比，来确保设计实现的正确性。与传统的基于测试用例的验证方法相比，形式验证能够提供全面的设计覆盖，能够发现那些通过传统方法可能被忽视的错误。形式验证在检测逻辑错误、如死锁、状态机错误等方面表现出了极高的效率和准确性，为电路设计提供了一个坚实的验证基础。

断言基础的验证（ABV）利用预定义的断言来检测电路仿真中的错误。断言是关于电路预期行为的形式化描述，它们在仿真过程中被持续检查。如果仿真结果违反了任何断言，即可视为发现了错误。ABV 通过为电路仿真提供明确的检查点，极大地提高了验证的目标性和效率，使得特定类型的错误能够被迅速识别并修正。

自动测试模式生成（ATPG）是一种用于检测制造阶段电路缺陷的技术。它通过生成能够触发电路中每个可能故障点的测试模式，来验证电路的制造正确性。ATPG 在电路仿真中的应用确保了设计在制造后能够经受严格的测试，提高了电路的可靠性和制造良率。

随着集成电路设计复杂度的增加，错误检测与修正技术在电路仿真中的作用变得更加重要。这些高级技术提供了一系列强大的工具，不仅能够在设计阶段发现并修正错误，还能够确保电路设计满足所有性能和功能的要求。通过精确的时序分析、全面的形式验证、目标明确的断言验证，以及细致的制造缺陷测试，电路仿真的错误检测与修正技术使得电路设计过程更加高效和可靠。

第 8 章　数字电路仿真
与 EDA 未来趋势

在数字化和智能化不断进步的今天，数字电路设计与 EDA 技术的融合及其创新应用，对推动电子工程领域的发展至关重要。本章将探讨数字电路设计与电子设计自动化领域面临的新兴技术、发展趋势，以及未来的机遇与挑战。

8.1　新兴技术的影响

在电子设计自动化和数字电路设计领域，新兴技术的快速发展正在引发一场革命。特别是量子计算、纳米技术、新型半导体材料等技术的进步，不仅推动了计算能力的飞跃和电路尺寸的进一步缩小，还为电路设计和仿真带来了前所未有的挑战和机遇。这些新兴技术对现有的 EDA 工具和设计方法提出了新的要求，同时也为提升电路性能和能效开辟了新的路径。

量子计算作为一种全新的计算范式，以其对处理速度和计算能力极限的拓展潜力，引起全世界的关注。与传统的基于二进制的计算机不同，量子计算依赖于量子位来表示和存储信息，这使得它能够同时处理大量的计算任务，为解决一些传统计算难以攻克的问题提供了可能。量子计算的这一特性，对量子电路设计方法及仿真技术提出了新的需求。EDA 工具需要能够支持量子电路的设计和验证，包括对量子位的操作、量子纠错，以及量子逻辑门的建模和仿真。为了满足这些需求，必须对现有的 EDA 工具进行深入的改进和扩展，以适应量子计算带来的新挑战。

纳米技术的进步，使得电路尺寸的进一步缩小成为可能。通过利用纳米尺度的材料和制造工艺，电子设备可以实现更高的集成度和更低的功耗。然而，随着电路尺寸接近原子尺度，量子效应开始显现，对电路设计的精度和制造工艺提出了更高的要求。EDA 工具必须能够精确地模拟纳米尺度效应，如电子隧穿、量子干涉，以确保电路设计的准确性和可靠性。此外，纳米技术还对材料特性、热管理和电磁兼容等方面提出了新的挑战，这要求 EDA 工具提供更为全面和精细的仿真能力。

新型半导体材料，如石墨烯，以其优异的电学特性和机械性能，为提高电路性能和能效开辟了新的途径。石墨烯等材料的引入，不仅为设计更高速的电子器件提供了可能，还能够在柔性电子、透明电子等新兴领域中发挥重要作用。这些新型半导体材料的应用，要求 EDA 工具能够支持这些材料的特性仿真与分析，包括其电学特性、热特性，以及与传统半导体材料的集成问题。这对现有的 EDA 工具提出了更新、更高级的建模和仿真需求。

8.2　EDA 软件的发展趋势

随着电子行业的不断发展和集成电路设计复杂度的日益增加，传统的电子设计自动化工具正面临着前所未有的挑战。为了应对这些挑战，EDA 软件正在经历一系列重大的演变，以适应更高效和更精确设计的需求。这一发展趋势涉及多个方面，包括云计算和大数据技术的整合、用户体验的改进，以及设计流程的自动化和智能化。

云计算技术的整合是 EDA 软件发展的一个重要方向。随着云技术的成熟，越来越多的 EDA 工具开始支持云平台，使得设计团队能够利用云端强大的计算能力和存储资源，进行大规模的设计计算和数据分析。这不仅显著提高了设计的效率，还使得小型设计团队能够以较低的成本获得先进的设计资源，促进了设计创新的平等性。云平台上的协作工具还促进了团队成员之间的实时沟通和协作，加快了设计决策的过程。

大数据技术的应用则为 EDA 软件带来了新的设计洞察和优化机会。通过分析历史设计数据和制造反馈，EDA 工具能够识别设计中的常见问题和性能瓶颈，为设计团队提供优化建议。例如，通过数据挖掘技术，可以发现电路设计中的功耗热点和可靠性风险，指导设计优化和改进。此外，大数据技术还使得 EDA 工具能够提供更为精准的模型和仿真结果，提高设计的准确性。

用户体验的改进是 EDA 软件发展中不容忽视的一环。随着设计复杂度的增加，设计流程变得越来越复杂，这要求 EDA 工具提供更为直观和易用的界面，以降低设计的学习成本和提高设计效率。高度定制化的 EDA 软件能够根据不同用户的特定需求提供定制化的功能和工作流程，使得设计过程更为顺畅。同时，通过集成教程和在线帮助系统，新用户可以更快地掌握工具的使用，加速设计的上手过程。

设计流程的自动化和智能化是提高设计效率和准确性的关键。通过机器学习等人工智能技术，EDA 软件能够实现设计优化建议的自动生成和错误预测。例如，智能化的布局布线工具可以自动优化电路的布局，以满足性能和功耗的要求，同时减少人工干预。智能化的错误检测工具则可以在设计早期预测潜在的错误和问题，避免在后期设计中进行较大的修改。这些智能化功能极大地提高了设计的自动化水平，降低了设计的复杂性和风险。

8.3　人工智能在数字电路设计中的应用

人工智能技术，尤其是机器学习和深度学习，在数字电路设计领域的应用标志着设计方法和工具使用方式的一次重大转变。人工智能技术的引入不仅极大地增强了设计自动化的能力，还提高了设计的性能和可靠性，同时缩短了设计周期。这一节将深入探讨人工智能在数字电路设计中的应用，包括性能预测、设计流程自动化、故障检测与修正，以及布局优化等方面。

（1）性能预测

在数字电路设计初期，准确预测电路的性能对于指导设计决策至关重要。传统方法往往依赖于经验规则或者简化的模型进行预测，但这些方法难以准确捕捉复杂电路设计中的非线性特性。利用机器学习算法，可以通过分析历史设计数据来训练模型，预测电路的功耗、延迟、面积等关键性能指标。这种方法能够考虑到设计中的众多变量和它们之间的相互作用，提供比传统方法更准确的预测结果。性能预测模型的应用帮助设计人员在设计早期做出更加明智的选择。

（2）设计流程自动化

设计流程自动化是提高设计效率和减少人为错误的关键。人工智能技术能够自动化执行一系列设计任务，如逻辑综合、布局布线、时序分析。深度学习算法特别适用于处理这些高复杂度的优化问题，它们能够学习到设计数据中的潜在规律，自动产生优化的设计方案。例如，人工智能可以根据电路的功能和性能要求自动生成逻辑门级实现，或者自动规划布线以最小化延迟和功耗。这种自动化不仅缩短了设计周期，还通过减少手动干预来提高设计的准确性和一致性。

（3）故障检测与修正

在电路设计的验证阶段，准确地检测并修正设计中的错误是确保产品质量的关键。人工智能技术，尤其是深度学习，已被应用于智能故障检测和修正。通过对大量设计数据和故障案例进行学习，人工智能模型能够识别设计中可能出现的问题，并提出修正建议。与传统的故障检测方法相比，人工智能技术能够更快地识别复杂的、隐蔽的错误模式，甚至在设计阶段预测可能的故障点，从而提前进行修正。

（4）布局优化

电路布局优化是数字电路设计中一个复杂而关键的环节。传统的布局优化方法往往需要设计人员花费大量时间进行手动调整，且难以达到最优。深度学习算法的应用使得可以在考虑成千上万个变量和约束的情况下自动找到最优布局方案。这种方法通过智能分析电路的功能需求和物理特性，自动生成布局方案，显著提升了布局的质量，降低了功耗和延迟，同时优化了芯片的使用。

8.4　未来挑战与机遇

随着电子工业的飞速发展，数字电路设计领域正迎来前所未有的机遇与挑战。新兴技术的融入和电子设计自动化软件的进步，虽然极大地推动了设计的创新和效率，但同时也带来了一系列挑战。这些挑战不仅涉及设计的复杂性和新技术的集成，还包括对性能和功耗的严格要求，以及在利用云服务时保护数据安全和隐私的重要性。

8.4.1　挑战

设计复杂度的不断增加是当前电路设计面临的挑战之一。随着集成电路功能的不断扩展和微缩技术的发展，电路的设计变得越来越复杂。这不仅要求设计人员掌握更多的设计知识和技能，还对 EDA 工具提出了更高的要求。EDA 工具需要能够支持更复杂的设计任务，如高级优化算法、多物理域分析以及新型半导体材料的特性仿真，这对现有的 EDA 系统架构和算法效率提出了挑战。

新材料和新技术的集成是另一项挑战。随着纳米技术、柔性电子、量子计算等新兴技术的发展，新材料（如石墨烯、二维材料）被广泛研究和应用于电路设计中。这些新材料和技术不仅能够提升电路的性能和功效，还能够开拓电子设备的新应用领域。然而，如何在 EDA 工具中有效地集成和支持这些新材料和技术，是当前 EDA 软件发展面临的一大挑战。这要求 EDA 工具不仅需要更新材料库和设计规则，还需要引入新的建模和仿真算法，以准确预测这些新材料和技术在电路中的表现。

性能和功耗要求的日益严格，对电路设计提出了更高的标准。随着移动设备和物联网应用的普及，低功耗和高性能成为电路设计的重要目标。这要求设计不仅要在功能上满足需求，还要在尽可能小的面积内实现高效能和低功耗运行。实现这些目标需要 EDA 工具提供更精确的功耗分析和优化功能，以及支持低功耗设计技术，如电源门控技术和多阈值 CMOS（MTCMOS）技术。

数据安全和隐私保护是云基础 EDA 服务中的一项重要考虑。随着云计算技术的应用，越来越多的设计任务开始在云平台上执行，这为设计团队提供了强大的计算资源和便捷的协作平台。然而，如何确保在云平台上进行设计时数据的安全和隐私，成为了一个亟须解决的问题。这不仅涉及加密技术和访问控制机制的建立，还包括对云服务提供商的安全性能进行严格的评估。

8.4.2 解决方法

面对这些挑战，持续的技术创新和跨学科合作显得尤为重要。通过不断探索新的设计方法、开发更高效的算法，以及采用先进的建模技术，可以有效应对设计复杂度的增加和新技术的集成挑战。例如，采用人工智能和机器学习技术有助于设计过程自动化，优化设计方案，提高设计效率和质量。同时，通过与新材料科学、量子物理学等领域的紧密合作，可以更好地理解新材料和新技术在电路设计中的应用潜力和限制，促进 EDA 工具的快速迭代和更新。

在性能和功耗优化方面，多物理场仿真和高级功耗分析技术的发展为设计优化提供了新的途径。通过综合考虑电路的电磁、热、力学等多个物理域的相互作用，可以更全面地分析和优化电路设计，实现高性能和低功耗的设计目标。此外，为了满足不同应用场景对性能和功耗的特定要求，参数化设计和设计空间探索技术也变得越来越重要。

在数据安全和隐私保护方面，除了技术层面的加密和访问控制之外，还需要建立一套完善的数据安全管理和监督机制。这包括对云平台的安全性能进行定期评估，为用户提供透明的数据处理和存储政策，以及建立紧急响应机制来应对数据泄露和安全事件。同时，加强用户对数据安全知识的培训，提高他们对数据保护重要性的认识，也是确保云基础 EDA 服务安全的关键环节。

8.4.3　机遇

尽管面临诸多挑战，新兴技术和 EDA 软件的进步也为数字电路设计带来了无限的机遇。智能化和自动化的设计工具可以极大地提高设计的效率和质量，新材料和新技术的应用开辟了电子设备性能提升的新途径，云计算和大数据技术的整合提供了强大的计算资源和协作平台。未来，通过不断的技术创新和跨学科合作，数字电路设计和 EDA 工具将能够克服当前的挑战，迎接更加光明的发展前景。

参考文献

［1］黄进文. 虚拟仪器数字电路仿真技术［M］. 昆明：云南大学出版社，2010.

［2］潘中良. 数字电路的仿真与验证［M］. 北京：国防工业出版社，2006.

［3］周巍，黄雄华. 数字逻辑电路实验·设计·仿真［M］. 成都：电子科技大学出版社，2007.

［4］过玉清. 数字电路仿真项目教程［M］. 北京：电子工业出版社，2012.

［5］杜树春编著. 常用数字集成电路设计和仿真［M］. 北京：清华大学出版社，2020.07.

［6］任骏原，腾香，李金山. 数字逻辑电路 Multisim 仿真技术［M］. 北京：电子工业出版社，2013.

［7］田健仲，朱虹. 电路仿真与实验教程［M］. 北京：北京航空航天大学出版社，2007.

［8］王彩君，杨睿，周开邻. 数字电路实验［M］. 北京：国防工业出版社，2006.

［9］蒋永华，于晓慧，陆爽. 电工技术与 MATLAB/Simulink 数字化应用［M］. 上海：华东理工大学出版社，2022.

［10］侯伯亨，刘凯，顾新. VHDL 硬件描述语言与数字逻辑电路设计［M］. 西安：西安电子科技大学出版社，2009.

［11］施琴，冯凯. 数字电路实验［M］. 南京：东南大学出版社，2021.

［12］赵莉，刘子英. 电路测试技术基础［M］. 成都：西南交通大学出版社，2004.

［13］秦杏荣，张保华. 电路电子实验基础［M］. 上海：同济大学出版社，2005.

［14］张玉环. 电路与模拟电子技术［M］. 北京：机械工业出版社，2004.

［15］李晓明. 电路与电子技术［M］. 北京：高等教育出版社，2009.

［16］张敏. EDA 设计与实践［M］. 哈尔滨：哈尔滨工业大学出版社，2021.

［17］李秀霞，李兴保，王心水. 电子系统 EDA 设计实训［M］. 北京：北京航空航天大学出版社，2011.

［18］王志功. 集成电路设计与九天 EDA 工具应用［M］. 南京：东南大学出版社，2004.

［19］窦建华. 电子设计自动化：电路仿真与 PCB 设计［M］. 北京：国防工业出版社，2006.

［20］范延滨. 微型计算机系统原理、接口与 EDA 设计技术［M］. 北京：北京邮电大学出版社，2006.

［21］刘昌华. 数字逻辑 EDA 设计与实践 MAX＋plus2y 与 Quartus2 双剑合璧［M］. 北京：国防工业出版社，2006.

［22］姜波. 基于 EDA 技术的数字系统设计与实践［M］. 哈尔滨：哈尔滨工业大学出版社，2017.

［23］樊辉娜. EDA 技术及电子设计［M］. 北京：北京邮电大学出版社，2011.

［24］黄勇. EDA 技术与 Verilog HDL 设计［M］. 成都：西南交通大学出版社，2014.

［25］刘江海. EDA 技术课程设计［M］. 武汉：华中科技大学出版社，2009.

［26］陈泽军. 数字电路仿真结果可视化研究与设计［D］. 长沙：湖南大学，2021.

［27］朱向军. 基于 Multisim 12.0 的数字电路仿真设计分析［J］. 中外企业家，2020，（15）：148.

［28］严一涵. 一种数字电路仿真平台的设计与实现［J］. 科技传播，2020，12（2）：152-154.

[29] 陈志凤，张亚如. 基于 Proteus 的数字电路仿真平台设计与实现[J]. 廊坊师范学院学报（自然科学版），2017，17（1）：60-63，68.

[30] 于楠楠. 基于电路仿真的数字电路 3D 虚拟实验室的设计 [D]. 大连：大连理工大学，2016.

[31] 施婧. 基于 LabVIEW 的远程数字电路仿真实验系统设计 [D]. 大庆：东北石油大学，2016.

[32] 周围，韩建，于波. 基于 Multisim 和 Authorware 的数字电路仿真实验平台设计 [J]. 实验技术与管理，2015，32（4）：119-122.

[33] 程学彩. EDA 与电子技术实践课程的融合研究 [J]. 考试周刊，2013（92）：152-153.

[34] 潘俊涛. 利用 VB 语言设计数字组合逻辑电路仿真实验 [J]. 软件导刊，2008（8）：162-163.

[35] 闵卫锋. 基于 Multisim2001 的组合逻辑电路分析与设计 [J]. 科技创新导报，2008（2）：80.

[36] 任国凤. EDA 在数字电路实验中的应用 [J]. 太原师范学院学报（自然科学版），2007（4）：86-89.

[37] 李峻薇. EDA 在数字电路课程设计中的应用[J]. 科技广场，2007（7）：228-231.

[38] 陈洁，庞寿全，吕集尔，等. EDA 软件在电路设计中的应用 [J]. 实验科学与技术，2006（2）：22-24.

[39] 陈洁，陈宇宁，庞寿全，吕集尔. 组合逻辑电路的设计和仿真 [J]. 中国科技信息，2006（8）：182-183.

[40] 陈洁，成晓梅，庞寿全，吕集尔. 用 EWB 进行数字逻辑电路仿真设计 [J]. 广西物理，2005（3）：33-35.

[41] 夏昌浩，谭伦农，黄南山. 现代电子电路与系统的分析设计与实现方法 [J]. 电力学报，2004（3）：196-199.

[42] 赵丽梅. 数字电路仿真实验及其设计示例 [J]. 中国远程教育，2003

（11）：59-62.

［43］卢庆林. Multisim2001 软件在数字电路仿真和设计中的几个特殊问题
［J］. 成都电子机械高等专科学校学报，2003（2）：5-8，4.

［44］张玉平. 数字波形合成器 EDA 仿真［J］. 实验技术与管理，2000（4）：
59-61.